南水北调西线工程 TBM 施工围岩分类研究

王学潮 等著

黄河水利出版社

·郑州·

内 容 提 要

基于TBM施工的围岩评价是南水北调西线工程的基础技术问题,而围岩分类的目的就是评价围岩的可掘进性(可破碎性)以及岩石对刀具的磨损。本书重点研究了影响TBM施工的主要工程地质和岩石力学因素。针对南水北调西线工程的实际地质条件,提出围岩分类的主要依据是岩石的单轴抗压强度、岩组特征、结构面特征等,以上述影响因素为参数,提出了TBM施工围岩分类的标准,其分类简单,具有可操作性,也符合南水北调西线工程超长隧洞围岩评价的实际情况。

本书可供勘测设计单位、施工单位以及科研单位工程技术人员参考。

图书在版编目(CIP)数据

南水北调西线工程 TBM 施工围岩分类研究/王学潮等
著 . —郑州:黄河水利出版社,2011. 6
ISBN 978 - 7 - 80734 - 916 - 7

Ⅰ.①南…　Ⅱ.①王…　Ⅲ.①南水北调 - 水利工程 -
隧道掘进机 - 工程施工 - 围岩分类 - 研究　Ⅳ.①TV68
②TV554

中国版本图书馆 CIP 数据核字(2010)第 193686 号

组稿编辑:王路平　电话:0371 - 66022212　E-mail:hhslwlp@ 126. com

出 版 社:黄河水利出版社
　　　　地址:河南省郑州市顺河路黄委会综合楼 14 层　　邮政编码:450003
发行单位:黄河水利出版社
　　　　发行部电话:0371 - 66026940、66020550、66028024、66022620(传真)
　　　　E-mail:hhslcbs@ 126. com
承印单位:黄河水利委员会印刷厂
开本:787 mm × 1 092 mm　1/16
印张:12
字数:280 千字　　　　　　　　　　　　印数:1—1 000
版次:2011 年 6 月第 1 版　　　　　　　印次:2011 年 6 月第 1 次印刷
定价:35. 00 元

前　言

随着经济建设的高速发展和西部大开发战略的顺利实施,越来越多的深埋长大隧道(洞)工程相继或即将开工建设,如秦岭隧道、乌鞘岭隧道、引黄入晋隧洞和南水北调西线深埋长隧洞等。与钻爆法相比,TBM 施工方法以其快速、优质、安全、经济和环保等特点,越来越多地应用于国内外隧道(洞)工程中,特别是当隧洞长度大于 6 km 或长径比大于600 时,优先采用 TBM 施工已成为长大隧道(洞)工程建设总的发展趋势。

伴随着 21 世纪人类开发利用地下空间时代的来临,地下工程的施工机械化在迅猛发展。近年来岩石隧道掘进机更显现出良好的发展势头,高科技成果的引进和开发应用使其日益完善,更加适应于长大隧道现代化快速施工的需要,并在世界长大隧道中取得了举世瞩目的成就。长 150 km 的英吉利海峡隧道采用 11 台 TBM,仅用 50 个月就建成了;南非莱索托水工隧洞用 TBM 施工成功建成;中国甘肃引大入秦工程中,TBM 创造了月进度1 300 m 的纪录;中国秦岭铁路隧道用直径 8.8 m 的 TBM 在特硬岩中掘进,取得了单月最高进度 528 m 的成绩;中国引黄入晋引水隧道、中国香港地铁和中国台湾双线公路隧道等工程在 TBM 施工中也各具特色。

TBM 技术在近 50 年中快速发展,能够挖掘更坚硬的岩石和更大的洞径,刀具磨损更少,并取得了更快的施工速度。现代 TBM 可以达到 1 000 m/月以上的施工速度。明确的地质条件及必要的预处理措施,合理的掘进机型及完善的配套系统,有经验的施工队伍及适合全断面掘进机施工的科学管理是 TBM 安全、快速掘进的基本因素。刀具是全断面岩石隧道掘进机破碎岩石的工具,是掘进机主要研究的关键部件和易损件;但由于地质条件的复杂性,在不利地质条件下,由于围岩过硬或稳定和涌水问题需要支护及处理,也有小于 50 m/月的施工速度。这样慢的施工速度,一般不是工程规划阶段所能预计到的。如果达不到预期的施工功效和进度,不但增加施工成本,还会拖延工程进度,这对工程的业主和施工方都将造成重大损失。所以,需要从项目的初始阶段对工程的进度、施工方案和设备作出合理的计划。采用 TBM 施工时,对地层岩性和地质构造的认识及对挖掘岩体的质量分级甚为重要,但是目前一般只能依据已有的工程经验和研究成果来作出判断,以此作为判定计划的基础。

人们作了很多努力来探索与 TBM 掘进有关的因素及其试验或描述方法,并探索 TBM功效预测的方法。虽然基于 TBM 施工的长隧洞围岩分级与评价方法研究还很不成熟,至今还没有被普遍接受的成果,但发现了很多一定条件下的规律,积累了很多可以借鉴类比的工程实例的数据。

南水北调西线工程区地处青藏高原,针对超长隧洞工程特点、高寒缺氧气候环境等条件,采用 TBM 施工已经被业主和工程技术人员所接受并达成共识。为选择合理的 TBM机型,制定最优施工方案,确保 TBM 施工"安全、快速、经济"地完成深埋长隧洞掘进目标,必须充分考虑工程地质因素,对影响和制约 TBM 施工的围岩条件进行合理的分类与评价。

然而,在对隧洞围岩分级近一个世纪的研究过程中,已有的众多围岩分级方法主要是针对基于钻爆法施工隧洞围岩稳定性等级的划分而提出的,难以满足目前 TBM 施工隧洞的需要。单纯套用以往以评价围岩稳定性为主的隧洞围岩分级方法对基于 TBM 施工的隧洞围岩进行分级不尽合理。如何充分考虑影响深埋长隧洞 TBM 施工安全性、快速性和经济性的地质因素,建立基于 TBM 施工的隧洞围岩分级评价方法显得尤为迫切。应用 TBM 施工条件下的围岩分级方法对南水北调西线工程深埋超长隧洞围岩进行合理分级,并对相关的围岩大变形、岩爆、掘进速度预测等问题进行综合评价,为深埋超长隧洞 TBM 施工提供科学决策和参考依据具有重要意义。

理论和实践表明,围岩条件和地质构造是影响 TBM 掘进速度及刀具消耗的主要因素。合理的地质分析与围岩评价是决定 TBM 选型和施工方案的前提条件。本书在总结国内外已有理论和试验研究及工程经验的基础上,针对南水北调西线工程深埋超长隧洞工程特征,充分考虑影响 TBM 施工安全性、快速性和经济性的各种地质因素,采用理论分析、试验研究和数值模拟等多种手段,建立适用于 TBM 施工的隧洞围岩分级方法。结合室内与现场岩体特性试验研究,应用建立的 TBM 施工条件下的围岩分级方法,提出符合南水北调西线工程深埋超长隧洞 TBM 施工的围岩分级建议。取得的成果可为南水北调西线工程深埋超长隧洞以及矿山、交通等深埋长隧道 TBM 施工围岩评价、参数确定、施工预测模型研究、TBM 事故预测预报和防治等提供方法和技术支持。

本书在总结分析已有相关理论和实践成果的基础上,紧密结合南水北调西线深埋超长输水隧洞工程,参考西线工程已经取得的工程勘测资料与研究成果,充分考虑影响 TBM 施工安全性、快速性和经济性的各种地质因素与围岩条件,以工程地质、岩体力学、岩石破碎学、模糊数学、非线性动力学等理论为依据,综合采用工程类比、理论分析、试验研究、数值模拟相结合的方法,多层次、多角度研究适合 TBM 施工的深埋长隧洞围岩分级与评价方法。以此为依据,探索并提出适合南水北调西线工程深埋长隧洞 TBM 施工特点的围岩分级建议,并对相关岩体力学问题进行评价。

本书的主要内容如下:

(1)针对南水北调西线工程深埋长隧洞特殊环境与地质条件,开展 TBM 施工可行性研究。

(2)基于工程岩体的可掘进性评价,研究影响 TBM 掘进功效的关键地质制约因素。

(3)基于 TBM 破岩机制,研究岩体力学特性对 TBM 推进速率及刀具寿命指数的影响规律,探讨现有围岩分级体系,评价 TBM 施工的局限性。

(4)根据南水北调西线工程地质条件与岩性特点,在地质勘察、物探与试验的基础上,研究适用于西线超长隧洞 TBM 施工的围岩分级原则,选择合理的分级评价指标,提出可行的分级类别与分级标准,建立 TBM 施工条件下的深埋长隧洞围岩质量分级体系。

(5)引入模糊评价方法,研究围岩分级中主要参数的权重分值,对基于 TBM 施工的围岩分级方法进一步修正与优化。

(6)应用建立的基于 TBM 施工的围岩分级方法,探索并提出符合南水北调西线深埋超长隧洞围岩分级与评价建议。

　　本书的研究成果是在"十一五"国家科技支撑计划项目"西线超长隧洞TBM施工关键技术问题研究"课题(2006BAB04A06)的资助下完成的。由黄河勘测规划设计有限公司牵头,中国科学院武汉岩土力学研究所、河海大学等单位联合完成。其中,TBM破岩作用三维仿真分析由河海大学吴继敏教授和卢瑾等完成,TBM破岩的物理试验模拟由中国科学院武汉岩土力学研究所周青春研究员等完成,隧洞围岩分类的模糊-层次分析模型由郑州大学高双聚教授完成。刘振红、石守亮、黄伟等参加了本书的编写工作。书中成果是对西线工程TBM施工条件围岩分类的全面总结,还引用了课题组参加单位未发表的资料。不妥之处,敬请同行批评指正。

作者

2010 年 7 月

目　录

第 1 章　TBM 的应用实践

　　TBM(Tunnel Boring Machine)是全断面隧道掘进机的简称。自 1952 年美国 ROBBINS 公司生产了第一台实用的刀盘直径 8 m 的掘进机以来,已经有 50 多年的历史了。目前,国外在超过 3 km 长的隧洞施工中使用 TBM 技术施工非常普遍。

1.1　TBM 的主要类型

　　TBM 主要分为开敞式全断面掘进机(支撑式全断面掘进机)、护盾式全断面掘进机、扩孔式全断面掘进机和摇臂式全断面掘进机等。目前,应用最广泛的是开敞式全断面掘进机和护盾式全断面掘进机。采用掘进机掘进隧洞是一项系统的工程,除主机外,还要有完整的后配套系统以及辅助施工系统等,三者要密切配合运行,再加上科学的施工技术和管理才能顺利完成掘进施工的任务。

1.1.1　开敞式全断面掘进机

　　开敞式全断面掘进机适用于岩石整体性比较好的隧洞。其工作原理是:依靠水平撑靴支撑在洞壁上所产生的摩擦力来提供掘进时所需的前进反作用力,当掘进的一个行程结束后,放下后部支撑,将水平支撑向前收缩,水平支撑到位后再提起后部支撑进入下一个循环的掘进。在掘进的同时进行喷射混凝土、锚杆、钢筋网的施工。这种类型掘进机的主要优点是:可以边开挖边进行一次支护,施工速度相对较快,结构相对简单,机器成本相对较低。其缺点是:二次衬砌必须在某段一次支护完成后才能进行,工期相对较长。

1.1.2　护盾式全断面掘进机

　　护盾式全断面掘进机采用在整机外围设置与机器直径一致的圆筒形护盾结构,护盾形式可分为单护盾、双护盾(伸缩式)和三护盾三类。当遇到软硬岩石兼有的复杂地层时,可采用双护盾全断面掘进机。当软岩不能承受支撑板的正压力时,由盾尾副推进液压油缸支撑在已拼装的预制衬砌块上或钢圈梁上以推进刀盘破岩前进。当遇到硬岩时,则靠支撑板撑紧洞壁,由主推进液压油缸推进刀盘破岩前进。ROBBINS 公司新研制了三护盾全断面掘进机,由两套支撑板和两套推进液压油缸组成,可以实现连续掘进,但因其结构复杂,维护困难,价格昂贵,目前尚未推广使用。

1.1.3　扩孔式全断面掘进机

　　扩孔式全断面掘进机先打导洞,然后扩孔成洞。在掘进大直径隧洞时,针对掘进机受边刀允许速度所限,维尔特公司研制了适用于直径 6 m 以上隧洞的扩孔式掘进机。

这种掘进机的优点是：

（1）导洞也是探洞，可掌握详细的工程地质和水文地质资料，可预测将要采用扩孔掘进机的技术性能参数，有助于合理组织施工，有利于通风、地下水、瓦斯及预防性安全措施等的处理。

（2）只要有小直径的掘进机就可以马上对大直径的隧洞进行导洞施工，然后再定制扩孔掘进机，不会影响工期。

（3）可以提高能量利用率。

其主要缺点是：

（1）成洞需要导洞和扩孔两台掘进机，投资较高。

（2）导洞贯通后才能扩孔，工期长。

（3）摇臂式岩石掘进机刀具和摇臂随机头一起转动，摇臂的转动是由液压油缸活塞杆来传递的，通过摇臂使刀具内外摆动，转动与摆动两种运动的合成使刀具以空间螺旋线的轨迹破碎岩石，可掘进圆形或者带圆角的矩形隧洞断面。其推进方式是靠支撑即推进液压油缸推动机头的，此种方式与开敞式掘进机推进方式相同。

1.2　国际应用情况

国际上采用 TBM 进行施工的主要项目有：

（1）英吉利海峡隧道。隧道全长 49.2 km，海下 37 km，三条平行的隧道总长 150 km，其中两条单线铁路隧洞内径 7.6 m，相距 30 m，中间隧洞留作服务用，直径 4.8 m，每条主洞有一单线与一人行道，服务隧洞有通风、维修和整体安全等作用。工程整体施工时间为 8 年多，有 11 台 TBM 同时开挖，英吉利海峡隧道于 1994 年 5 月 7 日正式通车，是 TBM 在工程领域的一项创举，成为世界上最重要的系统之一。TBM 最高月进尺为 1 434 m。

（2）南非莱索托水工隧洞。该隧道位于非洲南部，是当前世界上正在建设的最大、最复杂的超巨型工程。该工程包括总长约 200 km 的 4 条引水隧洞和 2 条输水隧洞等建筑物。隧洞开挖直径为 5.18 ~ 5.4 m。隧洞的覆盖层最大为 1 200 m，遭遇的不良地质问题为岩爆、高地温（岩石温度可达 49 ℃），解决的方式是加强锚杆支护和使用良好的制冷设备。该工程共采用了 ROBBINS 公司的 4 台 TBM、WIRTH 的 1 台 TBM 和法马通/三菱 – 波尔泰克（NFM/Mitsubishi – Bortec）TBM 进行施工，其中两台重复使用。ROBBINS 的 TBM 为开敞式的施工掘进机，WIRTH 的 TBM 为双护盾掘进机，在进行超前钻探时需要暂时停机。最大月进尺为 987 m，最高日进尺为 17.1 m，平均月进尺为 376 m。

（3）瑞士费尔艾那铁路隧道。该隧道全长 19 km，穿越阿尔卑斯山脉，穿过的岩层为沉积岩、火成岩，其中部分洞段有大量的构造破碎带，另有部分洞段岩石结构比较良好。整条隧洞于 1995 年 5 月开工，全隧道采用常规钻爆法和 TBM 法进行施工，采用 TBM 法的施工段长 10.2 km，断面为直径 7.64 m 的圆形隧洞，于 1997 年全线贯通。

1.3　国内应用情况

我国曾在 20 世纪 70 年代先后研制了多台不同直径的掘进机，经过一段时间的实践，多数不能使用,主要是刀圈材质、刀盘轴承、刀盘密封、大齿圈热处理等质量不过关,且防尘、噪声等关键技术问题没有解决。

20 世纪 90 年代,我国虽然仍进行了相关的 TBM 研制工作,但是国产质量与国外先进产品相比差距仍然很大,国内掘进机没有订单,不得不停止生产,而国内大量工程则由国外或者是国内承包商采购国外掘进机进行施工。国内采用国外掘进机的主要施工项目如表 1-1 所示。

表 1-1　国内采用国外掘进机的主要施工项目

供应商	承包商	工程名称	施工时间	洞径(m)	完成洞长(km)
ROBBINS353	水电武警部队	广西天生桥	1985 ~ 1992 年	10.8	7.5
ROBBINS1811	意大利 CMC	引大入秦 30A 号、38 号洞	1991 ~ 1992 年	5.53	17.0
ROBBINS205	意大利 CMC – SELI 集团	引黄入晋总干线 8 号洞	1994 ~ 1995 年	5.53	12.9
ROBBINS	意大利 IMPREGILO	引黄入晋南干线 4 ~ 7 号洞	1997 ~ 2001 年	4.82 ~ 4.94	86.2
ROBBINS	意大利 CMC	引黄入晋 5 标段	2000 ~ 2001 年	4.82	13.0
维尔特	中铁隧道局 中铁 18 局	秦岭隧道南口 秦岭隧道北口	1997 ~ 1999	8.8	5.0 5.6
维尔特	中铁隧道局	磨沟岭隧道	2000 ~ 2001 年	8.8	5.0
维尔特	中铁 18 局	桃花铺 1 号隧道	2000 ~ 2002 年	8.8	6.2
ROBBINS	意大利 CMC	昆明掌鸠河	2003 ~	3.66	21.53
ROBBINS	北京振冲公司	大伙房引水 TBM1 标段	2005 ~	8.03	19.81
维尔特	中铁隧道公司	大伙房引水 TBM2 标段	2004 ~	8.03	19.22
ROBBINS	辽宁省水工局	大伙房引水 TBM3 标段	2005 ~	8.03	18.49
海瑞克	山西水工局	新疆八十一大坂引水工程	2005 ~	6.76	19.71
维尔特	中铁隧道局	青海引大济湟引水工程	2006 ~	5.93	19.97

全断面岩石掘进机在国内实施过程为以下三个阶段:

第一阶段,结合秦岭隧道重大工程,以国外先进施工设备为主,以完成极硬岩条件下 TBM 掘进技术为主攻方向。在 1995 ~ 2000 年所完成的西康线秦岭隧道中,制约工程的关键是中间遇到秦岭,其主要特点是长度大。秦岭隧道全长 18.46 km,埋深达 1 600 m,秦岭以硬岩和极硬岩为主,岩石坚硬程度最大达到 325 MPa,同时,地质条件复杂,存在岩爆、大海水等不良地质现象,施工难度在世界上极为罕见。据介绍,当时实施秦岭隧道存有两种不同意见:一种是坚持钻爆法,但施工难度极大;另一种是采用 TBM,由于当时对 TBM 还不够了解,掘进技术无法掌握,同时,系统如何配置、选型设计与体系集成是难点,一旦选型设计不好,就会造成重大损失。最终决定使用 TBM 施工技术,而岩石掘进机属于非标产品,需要根据不同地质条件、不同直径和不同要求进行设备集成。秦岭隧道工程中以我国与德国制造商为主完成 TBM 的设计和制造,同时,面对以极硬岩为主的秦岭隧道,如何安全掘进是面临的最大难题。如果由外商负责实施则需要 400 万美元,但该工程完成后,其掘进技术仍然无法掌握,今后所面临的采用 TBM 施工工程项目问题仍得不到根本解决。因此,铁道部决定采用科研院校与施工企业结合的模式自主施工生产,这在当时是很有魄力的一项决策。面对这么大的系统,怎么把它用起来,从而保证施工的进程一直是困扰科研组的难题。在课题组成员的共同努力下,形成了以掘进技术为主线的施工技术,建立了自主的施工技术体系,且在当时达到了最高进度 550 m/月。在秦岭隧道特定地质和不同岩石条件下,不仅保障了项目的安全、高效和快速掘进,而且使工期提前了39 天,保证了秦岭隧道的顺利安全贯通。

第二阶段,结合桃花铺、磨沟岭铁路隧道,以软弱围岩为主体,采用开敞式 TBM 掘进机为主体的掘进技术。按 TBM 的掘进分类,可分为护盾式 TBM 和敞开式 TBM。按国际施工惯例,一般岩石以采用敞开式 TBM 为主,软弱围岩达到 20% 以上应采用护盾式TBM。由于我国经济条件所限,如何发挥每台设备的经济效益,使利用率得到最大化,是采用 TBM 施工的主要研究课题之一。2000~2002 年所实施的桃花铺隧道和磨沟岭隧道两大铁路隧道,项目组面对的主要技术难题是能否继续采用原秦岭隧道硬岩施工的敞开式掘进机,将其改造后进行掘进。但是,桃花铺和磨沟岭主要以软岩、破碎带为主,并且软弱围岩超过 70%。如何在长大隧道各种软、硬围岩,复杂地质条件下采用敞开式 TBM 实现安全、快速和高效掘进成为课题组面临的重大难题,而国际上其他国家也没有类似的施工先例。项目组研究人员结合桃花铺和磨沟岭两个长大隧道的特点,首先对敞开式掘进机整个系统进行设备改造和改进,使得设备系统能够在适应长距离软弱围岩的情况下进行逐步掘进。其次以敞开掘进机为主并结合新奥法创建了一整套敞开式 TBM 在软弱围岩和不良地质段的掘进技术和工艺,攻克了敞开式 TBM 通过长距离软弱围岩以及断层破碎带、岩爆等不良地质地段的施工技术难题,被铁道部评为“敞开式硬岩掘进机在软弱围岩隧道施工工法”,并结合施工技术达到国际先进水平,成为隧道工程施工规范。

第三阶段,结合世界上采用 TBM 施工最长的辽宁大伙房的输水工程(直径 8 m,全长85 km),以选型设计、系统集成、施工技术研究为主,将原计划采用护盾式掘进机的施工设计方案改为敞开式掘进机的施工设计方案,首次在我国设计中采用延伸,并与掘进机并行作业的连续皮带和 TBM 施工生渣系统结合,不仅大大降低了 TBM 的制造成本和施工成本,而且创造了采用 TBM 施工月进尺 1 111 m 的纪录。

根据国家水利发展的整体要求,我国最近几年至少有十几台 TBM 的缺口,TBM 行业在我国大有可为。但是,由于我国研制的 TBM 产品从技术性能、产品质量和使用寿命等方面与国外产品均存在较大的差距,因此国内产品还没有达到应用的程度。同时,有经验的 TBM 施工队伍还比较缺乏。但是,这些仍然阻挡不了 TBM 事业在我国的蓬勃发展。

1.4　TBM 施工法的特点

TBM 施工法在国外是一种常用的隧洞施工方式,与常规钻爆法相比有很多不同的地方。TBM 施工采用滚刀进行破岩,洞壁完整光滑,超挖量少,能同时完成破岩、出渣、支护等作业,因此自动化程度高,掘进速度较快,效率较高,且安全环保。但 TBM 对地质条件的适应性没有钻爆法好,需要根据地质条件和隧道断面定制 TBM 型号,配置相应的辅助设备。尽管使用 TBM 进行施工具有许多优点,但使用 TBM 法不是一项简单的、无风险的技术,仅引进质量合格的 TBM 设备是不够的。若选型合理,则能充分发挥 TBM 的优势;若选型不当,则会严重影响工期,增加投资。

全断面岩石掘进机具有四个基本功能,即掘进、出渣、导向、支护,其施工的主要优点是快速、优质、安全、经济。同时,作为隧道快速施工设备的全断面岩石掘进机也有它的施工范围和局限性,在选用时应加以考虑以下几个方面的因素:

(1)全断面岩石掘进机设备的一次性投入成本较高。

(2)全断面岩石掘进机的设计制造需要一定的周期,一般需要 9 个月。

(3)全断面岩石掘进机一次施工只适用于同一个直径的隧道。

(4)全断面岩石掘进机对地质条件比较敏感,不同的地质条件需要不同种类的掘进机并配置相应的设施。

全断面岩石掘进机施工的三要素是:①明确的地质条件及必要的预处理措施;②合理的掘进机型及完善的配套系统;③有经验的施工队伍及适合全断面掘进机施工的科学管理。

TBM 施工法具有以下主要优点:

(1)快速。具有连续掘进,能够同时破岩、出渣、支护作业,一次成洞,速度快,效率高的特点。而钻爆法施工各个工序相对独立,施工干扰比较大,速度相对较慢。相同洞径的隧洞,TBM 法施工比钻爆法施工快 5 ~ 10 倍。

(2)优质。成洞围岩扰动小,洞壁光滑,超挖小,在围岩相对较好的 Ⅲ 类以上围岩基本没有超挖,对围岩的扰动为 2 ~ 4 m。钻爆法施工对岩体的干扰较大,超挖更大,光爆效果难以控制,对围岩的扰动约为 2 倍洞径。

(3)经济。掘进机施工速度快,缩短了工期,大大提高了经济效益和社会效益。

(4)安全。用掘进机施工,改善了作业人员的洞内劳动条件,洞内的通风、工作条件很好,避免了爆破施工可能引起的人员伤亡,使事故大大减小。目前,在山西引黄入晋工程、引大入秦工程、秦岭工程、辽宁省大伙房水库引水工程等 TBM 施工项目中没有因 TBM 施工发生人员死亡事故。钻爆法施工发生人员伤亡的现象比较多,洞内生产工作人员的条件比较差,特别是隧洞通风长度超过 4 ~ 5 km 之后,很难满足规范要求的通风程度。

(5)环保。不采用炸药爆破,施工现场环境不被污染,有利于环境保护。

TBM 施工法具有以下主要缺点:

(1)资金一次性投入较大。购买 TBM 的一次性支出比较大,需要有强大的经济基础。而钻爆法的投入相对较小。

(2)TBM 技术支持要求很高。TBM 是一个系统工程,集地质、施工、电气、机械、液压等于一身,属于知识密集型生产项目,对施工队伍要求很高,目前国内曾经采用过的水利行业施工单位也只有 3 家。

(3)TBM 施工同钻爆法相比存在着一定的风险。TBM 施工对地质条件的要求比较高。

（4）遇到复杂地质条件时,TBM 施工处理措施没有钻爆法灵活。

1.5　钻爆法与 TBM 施工的比较

1.5.1　破岩理论的比较

1.5.1.1　钻爆法的破岩理论

炸药爆炸后,在极短时间内产生气体,使体积急剧膨胀,所产生的巨大能量破坏了岩石。炸药传爆速度为 2 000 ~ 6 000 m/s,若以 4 000 m/s 计,几米的炮孔爆轰过程不过 1 ~ 2 ms,浅眼炮孔远不到 1 ms。在这样短的时间内,顺药柱将能量释放出来而产生高速冲击作用,同时产生高温高压气体,温度可达 2 000 ~ 5 000 ℃,压力可达 5 万 MPa 到 2 MPa。

岩石受到冲击波产生的巨大压力后,孔周岩体被压碎。区外岩体因产生大的切向应力而形成了辐射状开裂的径向裂缝。孔周岩体的压碎区大约不到炮孔半径的 1 倍,而压碎区外的径向裂缝却能达到约 20 倍炮孔直径。冲击波作用的过程是在不到 1 ms 的时间内完成的,因此很快就消失了,破裂的岩体又重新闭合。只有当爆炸气体开始作用后,裂缝才开始扩展并延长。高压气体是冲击波之后的第二个作用过程,在它的作用下,气体掺入裂缝中,在裂缝的尖端产生"气刃效应",使裂缝继续延伸。

这种爆破形成的裂缝将岩体切割为碎块,在爆破气体巨大压力的作用下,它们将会沿临空面被抛出。

1.5.1.2　TBM 破岩理论

全断面掘进机破岩是靠安装在机头刀盘上的刀具旋转来完成的。掘进机工作时,支撑和推进机构的支撑构件紧压隧洞围岩岩壁,使主机架固定,在液压系统的推力作用下,安装在刀盘上的盘形滚刀绕刀盘中心轴公转,并绕自身轴线自转。掌子面的岩石被盘形滚刀挤压、破裂而形成多道同心圆沟槽;相邻的两把滚刀正好压碎相邻的全部岩石。由于滚刀不断地切割岩石,沟槽深度不断增加,岩体表面裂纹加深、扩大,相邻沟槽间的岩石成片剥落。刀盘刀具在压紧状态下不断地公转、自转,从而完成破岩这一工序。

从两种施工方法的破岩机制可以看出,钻爆法是靠炸药的冲击波对岩石冲击、挤压进行破碎的,而 TBM 则是依靠机械的压紧、切削来破岩的。前者对周围环境震动大、影响大,破岩不规则且超欠挖严重;而后者对周围环境几乎没有影响,开挖外观整齐,几乎没有超欠挖。

1.5.2　进度比较

钻爆法施工固定的工序决定了开挖每一循环的最少时间,一般情况下,从"放线"到"出渣"完毕需 6 ~ 8 h,则在较理想的状态下,一天可掘进 3 个循环,而实际只能掘进 2 个循环,每个循环可进尺 2.5 m,因此,在最理想的状态下日进尺可达 5 m。

TBM 实现了隧洞施工的机械化,使施工程序大大简化。隧洞开挖、出渣、支护可平行作业。在硬岩中每小时进尺 3 ~ 5 m,有效工作时间按每天 12 h 计,日平均进尺可达 30 ~ 40 m,为钻爆法的 8 倍左右。

　　从目前的情况来看,两种施工方法已没有可比性,钻爆法从爆破开挖到喷锚支护的工序全部完成,一般日进尺为 5 m 左右,而 TBM 却是掘进、支护、衬砌成洞一次完成,一般日进尺为 35 m 左右。

　　1986 年,在英法两国海底隧道掘进中,尽管条件极端恶劣,但仍创造了单机日进尺 51 m,月进尺 997 m 的高纪录;1990 年,美国芝加哥污水工程创造了日进尺 47.85 m 的高纪录;我国安西铁路在坚硬的花岗岩条件下创造了月进尺 509 m 的高纪录;在我国引大入秦引水工程中,30# 洞平均日进尺 36 m,最高周进尺达 309 m,最高日进尺 65.5 m,31# 洞平均日进尺 47 m,最高周进尺 348 m,最高日进尺 75.2 m。

1.5.3　质量和安全比较

1.5.3.1　质量比较

　　TBM 施工从开挖角度讲,超欠挖量很少;从衬砌质量讲,一般情况下是采用预制钢筋混凝土管片衬砌的,而管片的生产是在管片生产厂内进行的,厂内生产对混凝土质量、养护、钢筋制安、管片几何尺寸精度、密封精度等都有很好的控制。钻爆法施工,如果控制不好,超欠挖非常严重;衬砌是在现场浇筑的,这样要保证洞内混凝土施工的质量,就需要对钢筋、立模、拌和、浇筑每道工序严格把关,而这一过程以及浇筑后的养护是在现场洞内不太有利的状况下完成的。可以说,TBM 施工由于其机械本身性能较好,只要解决好关键的技术环节,就易于保证施工质量;而钻爆法施工,由于其本身的局限性,在质量控制方面,比 TBM 施工的难度要大。总的来说,从国内外的施工实践可以看出,两种施工方法只要严格控制,都可以建成合格的工程。

1.5.3.2　安全比较

　　从 TBM 几十年的推广与使用可以得出一条结论:在地下隧道施工中,TBM 的安全性远优于钻爆法。无论是国内外的统计资料还是 TBM 施工的有关特性都可充分说明这一点。

　　美国垦务局 20 世纪 60、70 年代对两种施工方法在修建地下隧道的安全方面进行了比较,其结果是用 TBM 开挖的平均事故率是钻爆法开挖事故的一半。英法海峡隧道得出的结论是隧道工地的事故率比大型建筑工地的事故率要低,详细统计为,当隧道掘进至 100 km 时,法国一侧有 2 人死亡,英国一侧有 8 人死亡,平均每 10 km 死亡 1 人。20 世纪 60 年代施工的勃朗峰隧道,统计结果为每 1 km 死亡 1 人(钻爆法施工),是英法海峡隧道施工中人员死亡率的 10 倍。国内各相似隧洞的统计数字也很多,总的来说,钻爆法施工安全性远差于 TBM 施工。

　　TBM 的安全性可以从以下几点说明:

　　(1)TBM 是通过压紧状态下的刀盘旋转并带动刀盘上的刀具旋转,从而对岩石进行切削而破岩的。因此,TBM 施工对围岩扰动较小,对周围建筑物不会因爆破振动而产生影响,尤其是在埋深很浅的情况下,采用 TBM 施工可避免或减少对围岩的扰动,加大塌落拱,甚至还可以减少地面沉陷。

　　(2)TBM 由主机和配套系统两大部分组成。处于主机上掌子面的工作人员,是在强有力的护盾保护下作业的。由于开挖洞段能及时衬砌,因此处在配套系统中的工作人员是在永久衬砌的防护下作业的,工作人员的工作条件非常安全,只要遵守一般安全规程,基本上不会出现人员伤亡事故。

（3）由于 TBM 施工的机械化程度高，因此极大地减少了工作人员的数量，而且人员的素质高，这也就大大降低了事故发生的概率。

1.5.4　经济比较

就每延米的工程造价而言，普遍认为 TBM 的成洞造价远高于钻爆法，其主要原因是：

（1）就 TBM 设备本身而言，一次性投资大，而且从目前我国的现状看，设备主要从国外进口，一台 TBM 的关税高达数千美元。

（2）TBM 施工完成一个工作面的掘进后（20 km 左右），设备尚余 60% ~ 70% 的残值，经过更新后，还可以"如新"的设备投入另一个工程的掘进。如果按 50% 残值计，总投资可核减 4 000 万元左右。

（3）从目前我国现状看，一般由国际承包商承建 TBM 施工的工程项目，其特点是工资高、管理费高。

从表面看，TBM 成洞造价高于钻爆法，但只要采取一定的措施，如减少设备进口，从整体进口改为主要部件进口，甚至全部国产来逐步降低关税；从一次性投资中核减设备残值；由国内承包商承建工程项目，降低人工工资及管理费等。仅以上三项，可核减总投资 5 000 万元左右，按单洞 20 km 计，每延米造价可降低 2 500 元左右，这样就可降至与钻爆法几乎一致的水平。

国外学者对 TBM 掘进和传统钻爆法开挖有关费用的研究已有不少成果，但它们的假定条件是基于隧道长度、隧道断面和劳动力费用都相同。这一假定是合理的，但同时也有其局限性，如果对超长隧洞进行比较就显得毫无意义，经比较，得出的结论是用 TBM 开挖会取得更合算的经济价值。

德国 COLOGAN. STUUA 的 A. Haack 博士在"常规法隧洞施工与 TBM 掘进的比较及世界范围对隧洞施工的需求"一文中，提出了常规法与 TBM 法的比较。其结果是当隧洞长度小于 1 km 时，宜采用喷混凝土法；当隧洞长度达到几千米时，则宜采用 TBM 法。在长隧洞条件下，TBM 法可全面地实现隧洞掘进机械化和标准化，机械的一次性费用和机械制造及安装所花时间对隧洞造价、延米造价和施工期并不起决定性作用。

美国世界银行 D. J. GUNARATNAM/PHD 博士在"隧洞施工技术及其在万家寨引水工程上的特殊应用"一文中提出了两种施工方法的造价比较，结果是 TBM 施工的隧洞每延米造价未超出钻爆法施工的隧洞每延米造价。

通过两种施工方法的比较可以看出，TBM 施工快速，安全，文明，对周围环境影响小，施工时对围岩扰动少，对周围建筑物影响小，由此带来的经济效益、时间效益和社会效益也是巨大的。因此，TBM 是一种较理想的施工方法，尤其是对于地质情况复杂的长隧洞，用 TBM 施工提高了可靠性。另外，用 TBM 施工可减少支洞和相应的临建设施，从而可减少相应的费用。从目前 TBM 施工的情况看，大部分是利用管片衬砌，与钻爆法相比，可省去一次支护这一工序，从而减少一次支护费用，降低造价。

总之，两种施工方法各有利弊，各有侧重点。但是，随着工程规模不断扩大，地质条件越来越复杂，隧洞越来越长的趋势，TBM 将成为一种主要的选择。以 TBM 为主，钻爆法为辅助，应该是隧洞施工的一种趋势。

第 2 章　TBM 破岩机制

2.1　盘形滚刀特征

刀具是全断面岩石隧道掘进机破碎岩石的工具,是掘进机主要研究的关键部件和易损件。

全断面岩石掘进机上使用的刀具目前均采用盘形滚刀。盘形滚刀在掌子面的岩面上连续滚压造成岩体破碎,掘进机施加在刀圈上的荷载为轴向压力(推力)和滚动力(扭矩)。轴向压力使刀圈压入岩体,滚动力使刀圈滚压岩石,这是 TBM 破岩的特点。

经过几十年的工程实践,目前公认直径 432 mm 的窄形单刃滚刀是最佳刀具。滚刀在巨大推力和回转力矩的作用下,对岩石实施压、滚、劈、磨的作用,达到破碎岩石的目的。岩石的破碎是压裂、涨裂、剪裂、磨碎的综合过程。

2.1.1　结构特征

滚刀是刀盘上用于破碎岩石的工具。根据形状的不同,滚刀分为盘形滚刀、球齿滚刀、楔齿滚刀等。目前,掘进机所用刀具均为盘形滚刀,盘形滚刀的刀圈为整体结构,有单刃、双刃和三刃,如图 2-1 所示。实践证明,单刃盘形滚刀的破岩效果最好,且适用于较软的中硬岩到硬岩(岩石单轴抗压强度 30 ~ 350 MPa)。

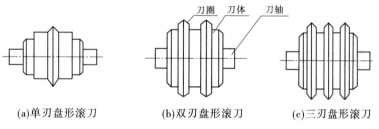

(a)单刃盘形滚刀　　　(b)双刃盘形滚刀　　　(c)三刃盘形滚刀

图 2-1　盘形滚刀形状

盘形滚刀的结构简图和剖面图如图 2-2 所示。由图 2-2 可以看出,盘形滚刀的结构主要由刀圈、刀体、轴承和心轴等组成。刀圈是可拆的,磨损后可更换。

图 2-3 为盘形滚刀圈断面形状,刀刃角一般有 60°、75°、90°、120°或平刃等多种。掘进硬岩时一般用较大的刀刃角,掘进较软的岩石时则用较小的刀刃角,而对于特别软的岩石,刀刃角太小容易嵌入岩层中,使用效果不好,增大刀刃角甚至做成平刃可改善掘进效果。

楔形刀刃和岩石表面的接触宽度随着磨损的增加而逐渐加大,接触面积也随之增大,要达到和磨损前一样的切入深度则需要更大的推压力,或在一定的推压力作用下切入深度将减小,从而影响了掘进机工作的稳定性。而平刃盘形滚刀与岩石表面的接触面积磨

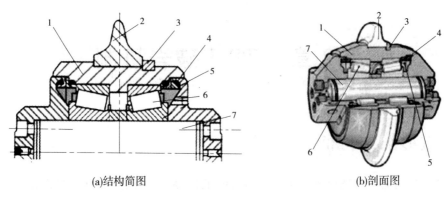

(a)结构简图　　　　　　　　　　　　　　　(b)剖面图

1—刀体;2—刀圈;3—刀圈卡环;4—密封;5—浮封环;6—轴承;7—心轴

图 2-2　盘形滚刀

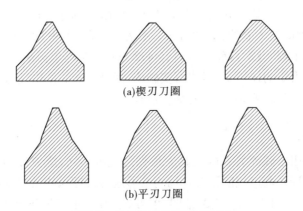

(a)楔刃刀圈

(b)平刃刀圈

图 2-3　盘形滚刀刀圈断面形状

损前后变化很小,因而近年来平刃刀具的使用逐渐增多。

增大刀具直径可以增大每把刀的额定推力。在一定的岩石条件下,刀盘每转一圈,刀具的切深随之增加,从而提高了机器的掘进速度。此外,刀具直径增大,允许磨损体积也增大,因而寿命延长。现在,直径 12 in(1 in = 2.54 cm)以下的盘形滚刀已被淘汰。但刀具直径增大使重量增大,致使换刀困难,增加了换刀停工时间;允许磨损量的增加使刚换上的新刀和已磨损刀具的直径差值增大,使新刀刀刃超前而引起载荷增大。刀具直径增大还受轴承和刀圈失效等因素的限制。刀圈材料一般为合金钢,要求表面硬度高且耐磨、内部韧性好,否则极易崩刃。因此,刀圈的材质和热处理工艺非常关键。使刀圈能长时间在高于 300 kN 的推力下工作而不降低寿命的材料尚待研究。

2.1.2　破岩作用力分析

2.1.2.1　岩石损伤现象

图 2-4 和图 2-5 为岩石的单轴加载和循环加卸载应力—应变曲线图,从图中可以看出,无论是循环加卸载还是单轴加载,当应力超过某一数值(峰值)后,材料的刚度都会下降,即抵抗变形的能力均会降低。图 2-6 是使用 X 射线对受压程度不同的试件进行观察的结果。试验表明:当应力超过峰值后,材料的损伤随着应力(应变)的增加而迅速增大。

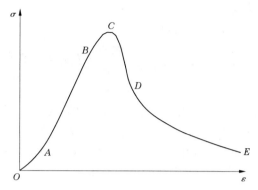

图2-4　岩石试件单轴加载应力—应变曲线

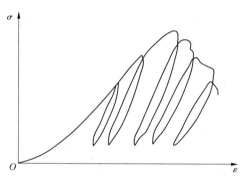

图2-5　岩石试件循环加卸载应力—应变曲线

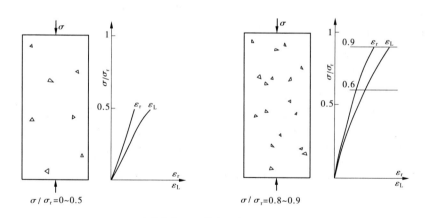

σ_r—破裂应力；ε_r—横向应变；ε_L—纵向应变

图2-6　使用 X 射线对压缩试件现象的观察结果

2.1.2.2　岩石破坏机制

　　岩石的损伤破坏机制是岩石力学和工程的一个重要问题。在卸荷作用下,岩石发生的物理现象首先是变形,随着作用荷载的增加,其变形量也增加,当载荷达到一定数值后,就会导致岩石的破坏。以上描述了岩石的宏观破坏过程,然而要对该过程进行实质的描述,就必须从微观上进行分析。

岩石的微观组织结构为:

$$\text{岩石组织}\begin{cases}\text{晶体 + 晶间物质}\\\text{颗粒 + 胶结物质}\begin{cases}\text{泥质}\\\text{钙质}\\\text{硅质}\end{cases}\end{cases}\text{ + 孔隙 + 微裂纹}\begin{cases}\text{微层理}\\\text{微节理}\\\text{微劈裂}\end{cases}$$

受载岩在超过极限后表现出明显的非弹性变形。造成岩石非弹性变形的主要原因或直接原因可以认为有以下几种:①岩石中的微裂纹与微孔隙压密后重新张开和扩展;②岩石中微缺陷造成局部应力集中。这些因素在微观描述上并不总是一致的,这与各自的观察技术和设备有关,几个一致的结论可以表述如下。

1) 微裂纹的尺寸

在光学显微镜下观察到的岩石微裂纹的尺寸大约与晶粒尺寸是同量级的,而在电子显微镜下观察到的微裂纹的尺寸是晶粒尺寸的 1/10 左右。在弹性变形的初始阶段主要是沿晶界破裂,即微裂纹基本上沿晶界边缘分布。在一些结构松散的岩石中(如红砂岩)几乎有 30% 左右的晶粒边界上和结晶面上存在大量的微孔洞,这些孔洞在低应力下就可以产生应力集中而相互贯通,形成穿晶断裂裂纹。这样,在变形过程中岩体内的微裂纹尺寸可认为与晶粒尺寸同一量级。

2) 微裂纹的方位

微裂纹具有一定的方向性,它是宏观上压、张、扭性结构所具有的各种形态特征有机地结合在一起的综合反映,是应力作用的产物。在单轴压缩下,轴向微裂纹占主导地位。在非弹性变形初期,增加的微裂隙与加载轴向成 15° ~ 30° 的交角,而在非弹性变形中期至后期,微裂纹趋向于轴向发展,裂隙在轴向相互贯通,发展成几条轴向亚微长裂纹,而长裂纹延伸方向以外的其他裂纹却不再变化了。如砂岩在单轴应力作用下,所形成的微裂纹大多向轴向应力方向靠近。

3) 微裂纹的分布密度

在岩石内部原始地随机分布着大量的微裂纹,且其长度大多小于 0.5 mm。随着轴向压应力的不断增加,其内部不同长度范围内的微裂纹数目具有不同程度的增加,且其增加速度也越来越快。研究表明:随着轴向应力的不断增加,与轴向应力方向较小角度的微裂纹数目的增加速度较与轴向应力方向较大角度的微裂纹数目的增加速度快得多。由此可以进一步推证:随着轴向应力的不断增加,其内部所产生的大量微孔洞几乎都是平行于轴向应力方向的。对于存在宏观裂纹的岩石,在受载下,宏观裂纹尖端将产生一个微裂纹网络或者说损伤区,随着荷载的增加,微裂纹网络增大,微裂纹的分叉也不断增加。

从以上可以看到,岩石非弹性变形和破坏微观特性最主要体现在:微裂纹尺寸同晶粒同量级;轴向微破裂占主导地位,是应力作用的产物;几乎没有宏观塑性区形成。根据这些来自微观试验的观察结果,在建立岩石损伤模型时可以认为:

(1) 岩石损伤可认为是弹性损伤(无塑性损伤);

(2) 损伤演化应是应力应变状态的函数。

2.1.3　盘形滚刀滚压破岩机制

盘形滚刀在掌子面的岩面上连续滚压造成岩体破碎,掘进机施加在刀圈上的荷载为轴向压力(推力)和滚动力(扭矩)。轴向压力使刀圈压入岩体,滚动力使刀圈滚压岩石,这是 TBM 破岩的特点。

(1)冲击压碎岩石。岩石与钢材和混凝土材料不同,它是由各种不同强度的矿物组成的,各向异性和不均质性是它的特征,而且随着成因不同表现出不同的脆性和塑性。刀圈在岩面上滚动时,就像大车在软硬不同的路面上行驶一样,软的地方压入深,硬的地方压入浅,使刀体做上下往复运动,造成对岩体的冲击。根据苏联的有关研究成果,在同样条件下,脆性岩体冲击破碎所需的时间比塑性岩体少 8 倍。

(2)剪切和碾碎岩石。TBM 刀圈在破岩中剪切和破碎岩石来源于以下三个方面:①刀圈与岩石接触界面上的摩擦力,它对接触面的岩石表面产生碾碎作用;②刀圈做圆周运动的向心力,它对刀圈内侧岩石产生剪切作用;③人为造成滚刀的滑动。

从摩擦角度而言,滑动是有害的,但对塑性类的岩石,滑动有助于扩大岩石破碎面积,提高破碎效率。这种破碎岩石的过程类似切削,它与切削的区别是在冲击使岩石压碎成许多漏斗的条件下,刀圈通过滑移而使岩石破碎。

综上所述,滚压破岩是既有冲击压碎作用,又有剪切碾碎作用的复合运动,给滚压破岩机制的研究带来许多困难。苏联对滚刀压入岩石的应力状态和破岩机制进行了研究,研究表明:在其他条件相同时,刀韧外形为抛物线形的刀圈可承受较高的剪切力,更适用于破碎坚硬和塑性的岩石。

2.1.4　岩石破裂角对破岩效果的影响

在滚压推力一定的条件下,由刀圈形成的轨迹之间有临界间距 B_k,如果两轨迹之间的间距大于临界间距,两轨迹之间互不影响,破岩效果与单刀相同。如果两轨迹之间的间距小于临界间距,则两轨迹之间破坏区相连。破碎岩块的大小与刀间距密切相关。在选定的推力条件下,每一种岩石和刀具都有一个破碎量最多、岩块最大的刀间距离,称为最优刀间距。刀间距与破岩量之间的关系如图 2-7 所示。从图 2-7 可以看出,如果刀间距大于或小于最优刀间距,则破碎岩石量都要随间距的变化而减少。

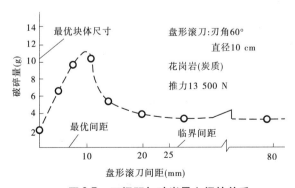

图 2-7　刀间距与破岩量之间的关系

研究表明,TBM 破碎岩石分为压碎和剪切两个过程:第一个过程是压碎,所需推力 P_1,与岩石接触面上有两个分力即垂直力和滚动力,只有垂直分力起压碎作用;第二个过程是剪切岩石,即两相邻盘形滚刀将刀间距间的岩石剪掉的过程。假设刀体排出压碎的破

碎岩石后,恰好吻合地作用于 V 形槽坑内,所需推力为 P_2,则盘形刀破岩所需的总推力为

$$P = P_1 + P_2 = D^{0.5}h^{1.5}\left[\frac{4}{3}\sigma_y + 2\tau_y\left(\frac{B}{h} - 2\tan\theta\right)\right]\tan\theta \tag{2-1}$$

式中:D 为盘形滚刀直径;σ_y、τ_y 分别为岩石的单轴抗压强度和抗剪强度;其他符号已标注于图 2-8 中。

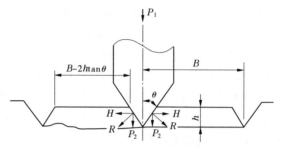

图 2-8　盘形滚刀剪切岩石示意图

在 P、D、B、σ_y、τ_y 一定的条件下,h 与 $\tan\theta$ 近似成反比,B 与 h 成反比,B 与 $\tan\theta$ 成反比。对于特定岩石,在 P、D、B、σ_y、τ_y 一定的条件下,其贯入度 h 也确定,B 与 $\tan\theta$ 之间成反比例关系,从图 2-8 中可以看出,岩石破裂角越大,则 B 要求越小。

2.2　盘形滚刀受力预测公式

盘形滚刀在切割岩石过程中,受到岩石的作用力有垂直力 F_v、滚动力(切向力)F_R 和侧向力 F_s。F_v 是掘进机推进液压缸和液压系统设计及校核的依据,F_R 是掘进机刀盘驱动电动机及传动系统设计及校核的依据,F_s 一般可忽略。有关盘形滚刀破岩机制及其受力预测公式,国内外许多学者进行了大量试验研究,得出很多宝贵的、有价值的结论,但对盘形滚刀破岩的物理现象和力学特征至今尚未研究清楚,以下是几种观点和相应的盘形滚刀载荷计算方法。

2.2.1　伊万斯预测公式

伊万斯认为,盘形滚刀破岩所需要的垂直推力 F_v 与盘形滚刀压入岩石区域在岩石表面的投影面积 A(见图 2-9)成正比,其比值为岩石单轴抗压强度 σ_c,即

$$F_v = \sigma_c A \tag{2-2}$$

A 可用两条抛物线围成面积的一半 A_p 计算,即

$$A_p = \frac{4}{3}h\sqrt{R^2 - (R - h)^2}\tan\frac{\theta}{2} \tag{2-3}$$

式中:R 为盘形滚刀半径;h 为盘形滚刀切入岩石深度;θ 为盘形滚刀刃角。

由此得到垂直推力表达式为

$$F_v = \frac{4}{3}\sigma_c h\sqrt{R^2 - (R - h)^2}\tan\frac{\theta}{2} \tag{2-4}$$

试验证明,按伊万斯公式计算垂直推力比实际破岩垂直推力要小。

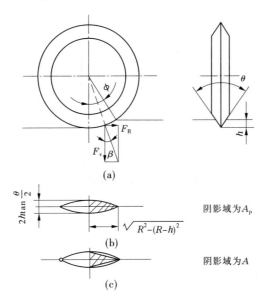

图 2-9　盘形滚刀受力示意图

2.2.2　秋三藤三朗预测公式

日本秋三藤三朗垂直推力计算采用的是伊万斯公式,并提出了侧向力 F_s 的计算公式,如图 2-10 所示。

2.2.2.1　挤压破碎理论

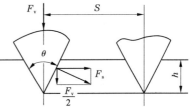

图 2-10　楔子邻接区的破碎

盘形滚刀的侧向力为将破岩刃侧的岩石压碎所受到的反作用力,则

$$F_s = \frac{\sigma_c}{2}R^2(\phi - \sin\phi\cos\phi) \tag{2-5}$$

式中:ϕ 为盘形滚刀接岩角。

2.2.2.2　剪切破碎理论

盘形滚刀的侧向力为将相邻两盘形滚刀间的岩石剪掉所受到的反作用力,则

$$F_s = R\phi\delta S\sigma_c \tag{2-6}$$

式中:S 为刀间距;δ 为破碎系数,$\delta = \tau/\sigma_c$;τ 为岩石无侧限抗剪强度;ϕ 为盘形滚刀接岩角,$\phi = \sqrt{\dfrac{3\delta S}{R}}$。

盘形滚刀几何形状及横向力产生如图 2-11 所示。

2.2.3　罗克斯巴勒预测公式

澳大利亚罗克斯巴勒垂直推力计算也采用伊万斯论点,只是把横截面面积 A 修正为矩形面积,并认为是全面积,即

$$A = 4h\tan\frac{\theta}{2}\sqrt{2Rh - h^2} \tag{2-7}$$

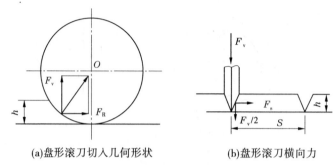

(a)盘形滚刀切入几何形状　　　　　(b)盘形滚刀横向力

图 2-11　盘形滚刀几何形状及横向力产生

则垂直推力 F_v 为

$$F_v = 4\sigma_c h \tan\frac{\theta}{2}\sqrt{2Rh - h^2} \qquad (2\text{-}8)$$

由 $\dfrac{F_R}{F_v} = \sqrt{\dfrac{h}{2R - h}}$，得滚动力 F_R 为

$$F_R = 4\sigma_c h^2 \tan\frac{\theta}{2} \qquad (2\text{-}9)$$

侧向力 F_s 为

$$F_s = \frac{F_v}{2}\cot\frac{\theta}{2} = 2l\tau \qquad (2\text{-}10)$$

式中：l 为横截面宽度；τ 为岩石无侧限抗剪强度。

2.2.4　科罗拉多矿业学院预测公式

美国科罗拉多矿业学院利文特·奥兹戴米、拉塞尔·米勒和王逢旦对盘形滚刀破岩机制进行了研究，先后得出了两类盘形滚刀受力预测公式：一类是由线性切割试验建立的，另一类是由压头压痕试验建立的。

线性切割试验建立的预测公式如下所述。

在岩石切割试验台上，用盘形滚刀对两种岩石试样进行线性切割试验。根据盘形滚刀的直径、刃角、槽间距、切深等 4 个变量参数，以 5 个不同等级，用拉丁方阵进行试验设计，共切槽 25 条，测得了大量盘形滚刀的受力数据。盘形滚刀首先将下方的岩石压碎，并假定楔形刃侧对岩石作用力的横向分量对岩脊（两相邻刀间距间的岩石）产生剪切破碎（见图 2-12）。

1）垂直推力 F_v

盘形滚刀的垂直推力 F_v 由两部分组成：一部分是将其下方岩石压碎的作用力 F_{v1}，另一部分是将两相邻刀间距间的岩石剪掉的作用力 F_{v2}。其中，F_{v1} 的计算同伊万斯理论，不同的是这一理论认为盘形滚刀与岩石的接触面积为三角形，则

$$A = R\phi \cdot h \tan\frac{\theta}{2} \qquad (2\text{-}11)$$

将 $h = R(1 - \cos\phi)$ 代入上式，有

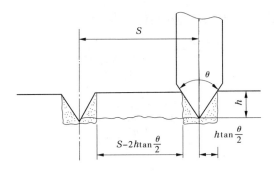

图 2-12　线性切割试验预测公式用图

$$A = R^2 \phi (1 - \cos\phi) \tan \frac{\theta}{2}$$

$$F_{v1} = A\sigma_c$$

$$= \sigma_c R^2 \phi (1 - \cos\phi) \tan \frac{\theta}{2} \tag{2-12}$$

$$F_{v2} = 2\tau R\phi \left(S - 2h\tan\frac{\theta}{2} \right) \tan \frac{\theta}{2} \tag{2-13}$$

因此,盘形滚刀的垂直作用力 F_v 为

$$F_v = F_{v1} + F_{v2}$$

$$= \sigma_c R^2 \phi (1 - \cos\phi) \tan \frac{\theta}{2} + 2\tau R\phi \left(S - 2h\tan\frac{\theta}{2} \right) \tan \frac{\theta}{2} \tag{2-14}$$

将 $\cos\phi = \dfrac{R - h}{R}$, $R\phi = \sqrt{2Rh}$ 代入并整理得

$$F_v = D^{\frac{1}{2}} h^{\frac{3}{2}} \left[\sigma_c + 2\tau \left(\frac{S}{h} - 2\tan\frac{\theta}{2} \right) \right] \tan \frac{\theta}{2} \tag{2-15}$$

式中: D 为盘形滚刀直径, $D = 2R$。

2)滚动力 F_R

滚动力 F_R 由垂直推力 F_v 乘以常数 C 来决定, C 称为切割系数。

$$F_R = F_v \tan\beta = F_v C \tag{2-16}$$

$$C = \tan\beta = \frac{(1 - \cos\phi)^2}{\phi - \sin\phi\cos\phi} \tag{2-17}$$

$$F_R = \frac{D^{\frac{1}{2}} h^{\frac{3}{2}}}{R^2} \left[\sigma_c + 2\tau \left(\frac{s}{h} - 2\tan\frac{\theta}{2} \right) \right] \tan \frac{\theta}{2} \cdot \frac{h^2}{\phi - \sin\phi\cos\phi} \tag{2-18}$$

3)压痕试验建立的预测公式

切取盘形滚刀刀圈一段做压头,对三种不同岩石试样进行压痕试验,在压力试验台上把压头渐渐地压到岩石试样上,同时测量施加的力和对应的切深值,由 $X—Y$ 坐标记录仪描绘试验过程中力与切深的关系曲线(见图 2-13),则垂直推力 F_v 为

$$F_v = \frac{F_{c1}}{2} + \frac{P(AK - F_{c1}P_f)}{P_f^2} \tag{2-19}$$

式中: F_{c1} 为第一次产生岩石破碎时的载荷; A 为 $F \sim P$ 曲线下的面积; P_f 为实际最终切深;

K 为量测系统坐标记录仪标定值;P 为压头任一点切深。

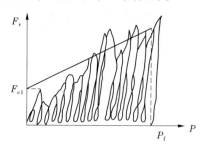

图 2-13　公式曲线与压痕线对比

2.3　TBM 破岩机制

2.3.1　岩体破裂过程

TBM 掘进过程包含:通过推力作用在掌子面上使盘刀侵入岩石中,刀盘的转动带动滚刀对岩体进行碾压,从而使掌子面的岩石以碎片状剥落。因此,TBM 的破岩机制涉及半空间岩体的侵入破碎,岩体裂纹的形成与合并连接形成碎片剥落等问题。

TBM 的工作对象为脆性硬岩,破碎形式主要有压碎、剪切破裂和张性断裂。当刚性压头作用在脆性岩体上时,压头下的岩体将形成三个不同的区域:静水压力核区、大应变区和弹性变形区。在较高压力作用下,由于约束的作用,静水压力核区岩体将出现压碎现象。由于拉应力的作用,大应变区的岩体在原生缺陷处形成微裂纹,随着压力的增大,裂纹向远处传播。脆性岩体的切割实际上为挤压损伤、裂纹形成、扩展并相互连接形成碎片剥离。

半空间岩体的侵入损伤属于接触问题,接触面的形状影响岩体的损伤形态。在面接触条件下,破裂面从接触面的边缘开始,沿一定的角度(Hertzian 锥,一般与自由面成 30°~40°夹角)向岩体内部延伸(见图 2-14(a))。对于点或线接触,在静水压力核区形成币状裂纹,随着压力的增大,币状裂纹逐渐演化为半币状裂纹,并向自由面延伸(见图 2-14(b))。受到岩体内部微裂纹、软弱结构面以及侵入速率等因素的影响,岩体的侵入损伤实际上表现相当复杂。试验表明,静水压力区的渐进发展导致裂纹形态由面接触破裂形态向点接触破裂形态过渡(图 2-15)。

2.3.2　TBM 破岩机制数值模拟

2.3.2.1　完整岩石条件下 TBM 单刀破岩机制

UDEC 模拟结果显示,对于完整岩石,单刀作用下岩石的破坏可以分为以下三个阶段。

第一阶段:刀头荷载增加,岩石中先前微裂隙闭合,岩石的变形处于线弹性阶段,岩石破损很少。

第二阶段:随着荷载的持续作用,刀头下部形成一个锥形碾压破碎区。这个阶段有三个典型特征:第一,Hertzian 锥形塑性区成形,刀头正下方一个三角锥形的塑性区逐渐形

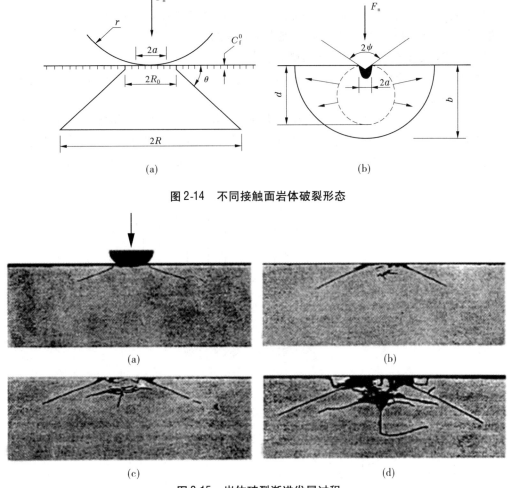

图 2-14　不同接触面岩体破裂形态

图 2-15　岩体破裂渐进发展过程

成、扩张;第二,锥形塑性区中心部分主要发生碾压破坏,由于刀头正向应力和周围侧向应力的组合作用,破碎区的岩块相对致密;第三,锥形破坏区前端的单元多为张拉破坏单元。因为岩石的抗拉强度一般远低于它的抗压强度(一般为其抗压强度的 10% 左右),岩石的抗拉强度不足,通常是形成岩石结构破坏的原因。

第三阶段:刀头荷载进一步作用,破碎区岩石的运动和扩张趋势迫使周围岩石向外移动,在锥形塑性区的基础上,发展出一个全方位的裂纹区。全方位裂纹区包含中线裂纹、两侧辐射状裂纹、刀头附近的边裂纹。中线裂纹主要是由于碾压、剪切破坏引起的,沿着刀头下部的中心线传播。两侧辐射状裂纹、刀头附近的边裂纹是由于张拉破坏引起的,随着张拉破坏单元对称传播。两侧辐射状裂纹大多与中心线裂纹成 45° 角。刀头附近的边裂纹大多与岩石表面平行,向岩石的表面发展。当边裂纹达到岩块表面时,原先提供侧向约束的岩石和一部分刀头下部的岩石一起形成破碎岩块、岩屑,然后很快移走。同时,储藏在岩石内部的应变能转化为岩块的动能。

在这个阶段的岩石破碎过程中,刀头渐渐侵入岩石。在塑性区扩展图上可以清楚地看到刀头的贯入度。在刀头的持续作用下,中线裂纹、两侧辐射状裂纹将进一步传播。不过,因为刀盘的转动和掌子面碎岩的脱落,刀头破岩也将进入下一个循环周期,所以每个周期内中线裂纹、两侧辐射状裂纹的发展也是有限的。

2.3.2.2　完整岩石条件下 TBM 双刀破岩机制

对于完整岩石,TBM 双刀破岩的效率,除岩石物理力学性质外,最重要的影响因素是两个刀头之间的间距。

刀间距过小,如图 2-16(a)所示,在刀头荷载作用下,两个刀头下的破碎区过度重合,裂纹很快就搭接贯通,岩石过度破碎,两个刀头下的岩石损伤区类似单刀作用下的岩石损伤区,2 倍的机械功率输出只产生 1 倍的破岩效率,相对降低了机械效率,提高了破岩的成本。

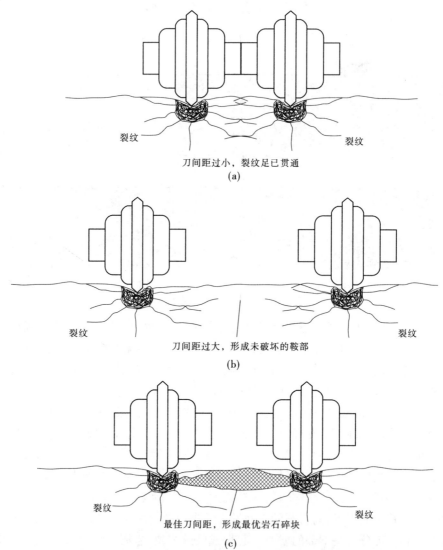

图 2-16　不同刀间距情况下岩石的破碎形式

刀间距过大,如图 2-16(b)所示,刀盘每转次的时间很短,刀头的荷载作用时间有限,岩石损伤区的扩展范围比较小,裂纹扩展长度不够,无法搭接贯通,两刀头之间的岩石不能被破坏,形成了没有破碎区的岩石鞍部,破岩效果不理想。

在合理的刀间距情况下,如图 2-16(c)所示,刀头荷载作用使下部损伤破碎区的裂纹向外辐射状扩展,两个刀头下的裂纹长度满足搭接、贯通的条件,两个刀头之间形成块度合适的岩石碎块。破岩的目的是使表面的岩石碎块掉落,而非将岩块碾磨成岩屑。合理的刀间距使 TBM 输出的机械能功率没有过多地消耗在碾磨岩石上,两刀之间也不会留下未破坏的岩石鞍部,达到了双刀破岩的最高效率。

对于一般的花岗岩、玄武岩、砂岩等常见岩石,刀间距为贯入度 10 倍左右时,破岩效率最高,机械能的利用率最大。根据工程经验,花岗岩的贯入度在 10 mm 左右,所以最优刀间距应该为 100 mm 左右。为此,进行了一系列的数值模拟研究,刀头间距取值分别为70 mm、100 mm、120 mm、150 mm,计算结果如表 2-1 所示。

表 2-1   不同刀间距岩体破坏计算结果统计

刀间距 （mm）	贯入度 （mm）	单元总数 （个）	屈服面单元 （个）	屈服后单元 （个）	受拉破坏单元 （个）	损伤面积百 分率(%)
70	8.8	32 690	1 233	4 887	2 612	26.71
100	9.31	32 760	3 811	8 057	2 054	42.50
120	8.37	32 640	2 878	4 203	2 208	28.46
150	8.18	32 649	2 034	4 032	2 362	25.81

从表 2-1 中的结果可以看出:当刀间距为 100 mm 时,如图 2-17 所示,TBM 刀头下的最大贯入可以达到 9.31 mm,而损伤面积达到了总面积的 42.5%,相同的功率输出,不同的刀头间距,TBM 破岩的效果大不相同。根据数值模拟结果,对于一般的花岗岩,最大贯入度为 8~9 mm,最优刀间距为 100 mm 左右。

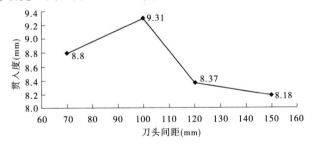

图 2-17   不同刀头间距情况下的贯入度曲线

在合理的刀间距下,对于完整岩石,TBM 双刀破岩过程有三个阶段:破碎区独立成核、破碎区联通、裂纹区扩展。

第一阶段:与 TBM 单刀破岩机制类似,刀头下面的破碎区独立形成核状,在碾压破碎核心区的周围布满了拉伸破坏的单元。

第二阶段：在刀头的持续荷载作用下，应变速率大于应力增长速率，岩石表现出明显的非线性，裂纹的大量形成和扩展使破碎区不断发展并且相互影响。当微裂纹数量不断增加、扩展时，两个区域中间的裂纹聚合交叉形成宏观裂纹，破碎区域面积增加得很快，双刀中间的岩石将被整块剥离，这就是双刀破岩的关键技术。另外，在破碎区深部两侧生成许多受拉破坏的裂纹，损伤区将进一步扩大。

第三阶段：破碎区联通以后，周围的裂纹区形成，在刀头正向压力和侧向约束力的共同作用下，破碎区域的扩展主要表现为中线裂纹、两侧辐射状裂纹的延伸扩张。双刀下部出现两条较粗的中线裂纹，平行向深处发展。两侧辐射出多条与中线成45°角的裂纹，使得损伤的范围迅速变大。同样，因为刀盘的转动和掌子面碎岩的脱落，刀头破岩也将进入下一个循环，所以单个循环内中线裂纹、两侧辐射状裂纹的发展也是有限制的。

第 3 章　TBM 施工的地质制约因素

TBM 施工经验表明,影响 TBM 掘进功效的主要因素有地质条件、刀具切割性能、机器的功率以及 TBM 操作和施工组织管理水平。在 TBM 选型中,围岩的地质特征是一个重要的依据,围岩条件对 TBM 功效的发挥具有决定的制约作用。

施工速度关系到工程建设的规划和设计,而刀具的耗损关系到施工成本,也关系到掘进速度。TBM 施工的功效主要表现在掘进速率(PR)、施工速率(AR)和刀具寿命指数(CLI)。其中,掘进速率(PR)为一次连续掘进过程的推进速度,单位为 m/h;施工速率(AR)是包括所有的当班时间的推进速度,单位为 m/天或 m/月;刀具效率可以用单位体积破岩的刀具消耗来表达,或刀具寿命指数(CLI)来表示。

3.1　TBM 实践中的工程地质问题

影响 TBM 施工性能的不良工程地质情况主要有岩石的可钻掘性极限、开挖面不稳定、开挖洞壁不稳定、断层带、挤压(膨胀)地层。此外,由于存在黏性土、造成 TBM 下沉的软弱地层、地下水和瓦斯大量涌入、岩爆、高温岩层、高温水和溶洞等,TBM 开挖还可能遇到其他不良地质情况。

3.1.1　可钻掘性极限

如果 TBM 不能以充足的贯入速率贯入岩层掌子面或开挖刀具的磨损超过可接受的极限,那么这种岩层就是不可钻掘的。但是,不能以绝对方式来确定岩层的可钻掘性,而应从工程造价、工期等方面对 TBM 法和钻爆法进行对比,从而以相对方式确定岩层的可钻掘性。

表示 TBM 开挖岩层能力的主要指标是该 TBM 在最大推力作用下所能取得的刀盘旋转一周的贯入率。贯入率极限受开挖岩层的耐磨性、隧道直径及岩层厚度的影响,确定刀盘旋转一周的贯入率极限是比较困难的。如果岩石的耐磨性较高,加上贯入率较低,那么就会造成刀具更换频繁,这样除增加因更换刀具而占用的时间外,还会增加每开挖 1 m³ 岩石的成本。一般而言,如果刀盘旋转一周的贯入率小于 2~2.5 mm,那么岩石的可钻掘性方面存在问题;如果刀盘旋转一周的贯入率大于 3~4 mm,那么 TBM 的开挖效率就会较高。一般情况下,TBM 的理论性能和与 TBM 工作密切相关的多种因素有关。

3.1.2　开挖面不稳定

如果岩体破碎或风化严重,开挖面出现重大不稳定现象,TBM 掘进可能由于塌落或积聚的石块作用于刀盘或卡住了刀盘,造成刀盘不能旋转而受阻;同时,因开挖面不稳定造成超挖严重,在 TBM 前方形成空洞,需要在空洞扩大,最终发展到不可控制之前停止

TBM 掘进,进行空洞处理。

台湾的坪林公路隧道在处理掌子面不稳定问题方面是一个很典型的实例。其对形成的空洞用树脂和泡沫进行注浆回填,以形成一种人造固体;开挖一条旁通隧道(最好在隧道顶部),以便把被石块卡住的刀盘解脱出来,对开挖面进行稳定加固,还可以采用传统的开挖方法开挖一段隧道,或采用注浆或管棚超前支护对围岩进行加固。

3.1.3　开挖洞壁不稳定

开挖洞壁不稳定是影响开敞式硬岩 TBM 正常掘进的因素之一。此外,施工所用 TBM 的类型(单撑靴或双撑靴)、TBM 的设计、施工特征,隧道直径,TBM 具有的安设隧道支护的装置及所采用支护的类型等,也会影响施工进度。

对于开敞式 TBM,如果开挖洞壁不稳定发生在紧靠刀盘支撑之后的位置,那么就会造成安设支护及撑靴定位困难。为解决开挖洞壁不稳定现象,通常对开挖洞壁采取稳定加固施工措施,在紧接刀盘支撑位置之后安设钢拱架、木撑板和喷混凝土;或者在 TBM 前方用传统方法开挖,也可以采取钻孔、注浆或在 TBM 上方安设伞形拱架等措施,对开挖面前方的地层进行预处理。

对于开挖洞壁不稳定现象,就护盾式 TBM 而言,无论是单护盾式 TBM 还是双护盾式 TBM,不像开敞式 TBM 那么敏感,这是因为护盾式 TBM 可以在护盾的保护下安装预制混凝土衬砌或钢衬砌,通过向安装的衬砌施加推力,无论开挖洞壁是否稳定,护盾式 TBM 都可以向前掘进。对于中、大直径(6～12 m)的隧道,在开挖洞壁不稳定的情况下,开敞式 TBM 与护盾式 TBM 在作业性能和施工效率方面都存在很大差异,且不管隧道直径大小,护盾式 TBM 都明显占有优势。

3.1.4　断层带

TBM 在隧道掘进中穿越大的断层带时,如果在开挖期间预报不足,或事先对困难估计不足或了解不够,可能造成意外事故。如果刀盘被卡住,则会影响 TBM 的正常掘进,导致 TBM 掘进速度下降。在断层带,如果地层完全风化且存在高压地下水,那么开挖掌子面有可能发生碎屑流地质灾害,且有可能像河水一样淹没隧道。

如果开敞式 TBM 遇到超前钻探未发现的上述断层带,那么 TBM 将会因地层滑塌而严重受阻,甚至被滑塌石块埋起来,造成后退困难的灾难性局面。如果护盾式硬岩 TBM 遇到这种断层带,尽管 TBM 不可能再继续开挖,但其结果不会像开敞式 TBM 那样严重。由于护盾式 TBM 掘进的隧道已施作了混凝土衬砌,从而形成盾壳的自然延伸体,这样至少可以从盾壳内对断层带进行处理,同时还可以防止隧道完全被水淹没。

由于开挖程序不当,硬岩 TBM 遇到断层带有时也会酿成灾难性事故。如 TBM 司机停止 TBM 推进,仅使刀盘旋转,希望能很容易地穿越断层带,从而导致断层带的破碎岩石倾泻而下,涌向 TBM。

3.1.5　挤压地层

根据变形时间的长短,隧道收敛变形可分为快速收敛变形和中长期收敛变形两类。

快速收敛变形一般发生在开挖 4~8 h 之内,变形发生在距开挖面较短矩离(几米距离)处。中长期收敛变形多发生在隧道支护完成或隧道完工后,表现为隧道底板隆起和支护破坏等现象。

护盾式 TBM 对隧道快速收敛十分敏感,有可能被收敛的地层卡住。为此,可以提高其纵向千斤顶的最大推力,直至 TBM 可以向前推进,但是隧道的管片衬砌要足够坚固,以给 TBM 推进千斤顶提供必要的反作用力,否则隧道衬砌本身将垮塌。再加上超挖,护盾式 TBM 的掘进适应性将大大增加。双护盾式 TBM 的脱困作业相对较为容易,可以在距开挖面 4~5 m 处通过 TBM 伸缩区的开口进行;然而,单护盾式 TBM 的脱困作业必须从 TBM 的盾尾处开始,需在距开挖面 8~9 m 处拆去一环或两环预制隧道衬砌。

对于开敞式 TBM,如果在短时间内发生严重的隧道收敛,隧道支护和 TBM 撑靴的支撑可能会出现严重问题,从而影响隧道的掘进速度。开敞式 TBM 在收敛严重的不稳定地层中掘进的主要问题在于施作钢支撑、钢筋网和喷混凝土等支护困难重重,且刚施作的支护不能立即有效抵制地层变形与挤压的趋势。

3.2　影响 TBM 破岩的地质因素

TBM 施工的地质制约条件包括:软岩、塑性岩、膨胀岩、泥化岩、极硬岩,硬度差异,塌方、涌水突泥、岩爆等。其标志可概括为以下几个方面:

(1)可钻性:以直径 9 m,刀盘钻速 5 r/min 而论,掘进速率 PR 要求不小于 2 mm/r,或 0.6 m/h。

(2)边墙稳定性:塌方可导致施工速率 $AR<2$ m/d。

(3)掌子面稳定性:大量涌水、突泥或崩塌的发生,导致施工停止。

(4)挤压性软岩:软岩会导致施工断面收缩变形。

(5)严重岩爆:地应力高,岩石性脆的情况。

地质条件主要包括岩石性质(可以从岩石学、力学两方面来描述)、岩体中软弱结构面的发育情况以及地下水的发育情况。在 TBM 施工的地质条件评价中,普遍考虑的主要因素有:①岩石的强度;②岩石的硬度及耐磨性;③岩体结构。

3.2.1　岩石的力学性质

TBM 破岩的过程实质上是岩石和刀具的相互作用而破碎的过程。岩石影响 TBM 掘进的物理力学参数在不同的破碎阶段是有所不同的,一般地,在嵌入—冲压阶段,刀具前部岩石压碎,形成剪切屈服区,影响破碎的岩石力学指标主要有单轴抗压强度、抗拉强度、C 和 ϕ 值、弹性模量。在张裂阶段,产生径向张裂隙,影响的岩石力学指标是断裂韧度(K_{IC})。在削切阶段,在剪张应力作用下形成剥离碎片,完成岩石的机械破碎,影响的指标主要有抗拉强度、C 和 ϕ 值。

由此可见,选择以单轴抗压强度为核心的参数系统作为硬岩 TBM 刀具设计的依据是不完善的。在掌子面上发育有走向与隧道轴线平行的节理系统,或至少存在大致平行隧道轴线的临空面的情况下,选择以单轴抗压强度为核心的参数系统是合适的,但这种理想的状态实际上是很少存在的。如果围岩中节理不发育或节理方向与隧道轴线大角度相交,就会发生刀具严重磨损的情况,评价有关刀具适应性的指标就应该更全面一些。

　　一般地,刀具附近岩石的破坏不仅与应力状态有关,更与岩石的变形特性有关。刀具正下方因承受压应力而下陷,刀具两侧附近岩石则由于受到平行掌子面的挤压而隆起。岩石下陷和隆起的同时,其内部出现张性或张剪性破裂面,岩石整体性发生根本性变化。当相邻刀具诱发的隆起区重叠时,岩石便以碎块的形式脱离掌子面。因此,在刀具荷载作用下,掌子面上两点之间的相对位移越大,对于掘进越有利;而不同点之间的相对位移受到岩石泊松比 μ 和弹性模量 E 的直接控制,较大的 μ 和较小的 E 对 TBM 掘进是有利的。因此,对于硬岩 TBM 而言,除单轴抗压强度外,岩石的变形参数泊松比和弹性模量也应成为刀具设计的主要依据。

　　实践表明,TBM 掘进速度与岩石的干抗压强度并没有直接关系。掘进速度受节理发育程度和节理发育方向的影响更为明显。秦岭隧道在 TBM 施工中所遇到的问题表明,仅仅依靠单轴抗压强度来设计刀具是不完善的。秦岭特长隧道北口施工的实践表明,TBM 施工速度与干抗压强度的大小之间关系并不明显(见图 3-1)。

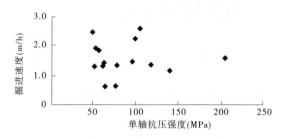

图 3-1　秦岭隧道 TBM 掘进速度与单轴抗压强度的关系

3.2.1.1　单轴抗压强度

　　影响刀具切进深度的最重要的因素是岩石单轴压缩作用下的力学行为。旋转刀具必须施加一个大于岩石强度的应力,才能有效地切进岩石,这是下一步在切槽间形成岩片剥离的基础。因此,岩石的单轴抗压强度直接与 TBM 的效率相关。模拟研究和工程实践都表明,岩石单轴抗压强度对 TBM 掘进速度的影响较大。许多用来预测掘进速度的模型都用单轴抗压强度作为影响指标。

3.2.1.2　岩石的抗拉强度

　　理论分析和实际观察研究(TBM 破岩的高速摄影和岩石碎块的微观观察)都证明,切槽间岩块的碎裂破坏属于拉伸型的。这种切槽间较大尺寸碎片的形成是效率更好的破岩形式。因此,岩石抗拉强度的大小,影响形成切槽间碎块的难易,影响 TBM 的掘进效率。在机械设计和施工方法的有关指标中,单刀平均推力主要与岩石单轴抗压强度有关;而刀具间距的考虑,则主要为了追求切槽间碎块的形成,这与岩石的抗拉强度(和脆性)有关。

3.2.1.3　岩石的脆性

　　很多室内和现场试验表明:岩石的脆性对岩石的破裂具有很重要的作用。在刀具的切进过程中,较高的脆性有利于岩石裂纹的形成和扩展,所以 TBM 效率会随着岩石脆性度的提高而提高。岩石脆性度常用断裂韧度来表征。

　　基于岩石强度对掘进效率影响的考虑,普遍认为一般掘进机适用于岩石单轴抗压强度 30～120 MPa 的中等坚硬至硬岩中。在硬岩中掘进时,对 TBM 的推力、刀具和刀具轴承的要求很高,会造成易损件频繁更换,净掘进速度很慢且极不经济。

3.2.1.4　岩石的硬度和耐磨性

　　在坚硬完整岩体的条件下,掘进时刀具以缓慢的速度按刻槽的形式研磨切入岩石内。由于切槽形成缓慢和不充分,加之坚硬岩石的抗拉强度很高,致使两个相邻刀具之间的岩石不能及时形成碎块而脱落,并产生大量岩粉,而岩块很少。这将造成严重的刀具磨损损耗,破岩效率很低,掘进速度也很慢。在坚硬耐磨岩石中,刀具磨损和刀圈磨耗过快成为主要问题,比如在安康线秦岭隧道 I 线北口已远远超出正常范围(秦淞君,1999;徐则民等,2001)。

　　有很多间接和较为直接的方法来判断岩石抵抗刀具切入的性质。研究发现,岩石抗压强度、岩石抗拉强度及石英含量与岩石的摩氏硬度及耐磨性相关。此外,还有压入硬度法、凿碎比功法、微钻法等试验方法;其中微钻法与钻头和岩石的相互作用比较接近,可靠性更好一些(Howarth 和 Rowlands,1987;史晓亮等,2002)。有些专门的与实际钻进物理过程接近的试验方法,用来确定岩石的可切割性和刀具的耐磨性,主要有钻速指数 DRI(Drilling Rate Index)、钻头磨损指数 BWI(Bit Wear Index)和刀具寿命指数 CLI(Cutter Life Index)。

　　钻速指数 DRI 由冲击试验得到的脆性值 S_{20} 和微钻试验得到的 SJ 值来确定,根据 DRI 与 S_{20} 和 SJ 关系图(见图 3-2),得到 DRI 值。DRI 值为 20～100,DRI 值越小,表明越难钻进。

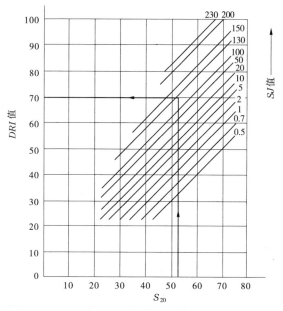

图 3-2　DRI 与 S_{20}、SJ 值的关系图(Blindheim 和 Bruland)

　　钻头磨损指数 BWI 由 DRI 和磨损试验得到的磨损值 AV 确定,由 BWI 与 AV 和 DRI 关系图(见图 3-3)求得。BWI 值反映冲击钻进中钻头的磨损。BWI 值为 0～80,BWI 值大,表示刀圈磨耗快。

刀具寿命指数 CLI 由微钻试验和磨损试验确定。CLI 值越小,表明这种岩石对刀具的磨损越强,刀具的寿命越短。

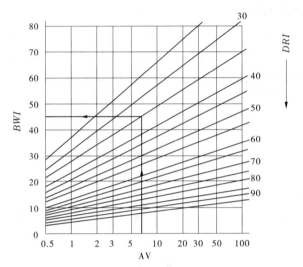

图 3-3　BWI 与 AV、DRI 值的关系图（Blindheim 和 Bruland）

3.2.2　岩体结构特征

3.2.2.1　结构面的发育程度

岩体结构面（断裂）发育程度与掘进效率有很大的关系。岩石的抗压强度、硬度和耐磨性相近的岩体,结构面发育程度不同,TBM 的净掘进速度会产生明显差异。

一般情况下,当岩体完整程度较低和结构面间距较小时,岩体中局部发育的薄弱面将大大有助于刀具的切割,使得岩石的粉碎和碎裂更加容易,碎裂岩块的尺寸更大,从而使 TBM 掘进速度较快。而在结构面极为发育,存在软弱破碎岩体和地下水等各种不良地质条件的情况下,岩体完整性差,作为工程围岩已不具有自稳性,此时 TBM 机械本身和施工操作都会遇到一些困难。处理支护也要付出时间代价,TBM 施工功效降低,TBM 掘进的速度减慢。因此,岩体的结构面特别发育和极不发育时往往都不利于 TBM 掘进。

现在还无法精确定量地描述结构面对 TBM 功效的影响,这是因为:一方面,岩体中裂隙体系有一些变化和不确定的性质;另一方面,不同 TBM 对于不同方向和尺寸的结构面的破岩机制也是不同的。

3.2.2.2　结构面的方向及岩石的各向异性

岩体结构面（裂隙）的方向对 TBM 的功效影响也很大。其中,隧道轴向与裂隙面的夹角和掘进速度关系的研究有一些明确的结论。理论分析说明:如果隧道轴线垂直于节理面,则掘进速度较高。挪威科技大学的有关学者发现,在节理间距大于 50 mm 的情况下,隧道轴线与节理面成 60° 角时,掘进速度最大。

岩石中的片理面和矿物的定向排列等可造成岩石的各向异性。现场观察和实验室试验表明,岩石的各向异性对刀具掘进速度的影响很大。在几个瑞士和澳大利亚隧道的

TBM 施工实例中,隧道轴线与片理面的夹角为 0°时,掘进速度最小,并随着夹角的增加而线性增加,差异可达 3 倍。另外,有板岩中不同方向掘进速度的报道,垂直于片理面方向的掘进速度为平行于片理面方向掘进速度的 6 倍(Sanio,1985)。

　　TBM 施工是机械—岩体—围岩稳定相互作用的过程,各种因素相互作用都可能影响 TBM 的施工效率,地质因素对 TBM 的影响而引起的特殊地质问题主要包括:岩石可钻性差而造成的掘进效率低,岩体破碎而造成的 TBM 开挖面稳定性差引起的塌方等,由于地下水丰富突水而引起的隧洞淹没、洞内泥石流造成埋机等,由于高应力或应力集中带而引起的软岩积压变形造成 TBM 卡机或管片变形、开裂;硬岩岩爆造成的边墙破坏等。

　　在产生各类工程地质问题的各个不良地质因素中,构造破碎带与很多工程地质问题有关,是最为不利的控制性地质因素;软岩大变形和突(涌)水是极严重的工程地质问题,与岩性和水文地质系统有关。根据研究,在 TBM 施工中,软岩大变形、突(涌)水、岩爆以及瓦斯突出(含煤地层)是导致重大工程事故的主要工程地质问题,尤以软岩大变形和突(涌)水为甚。在已发生的 TBM 重大工程事故中,约有 72% 是这二者所引起的,其所占比例分别为 37% 和 35%(见图 3-4)。

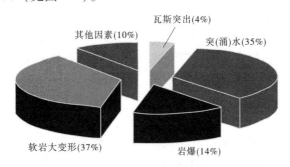

图 3-4　TBM 施工中主要地质问题类型所占的比例

3.3　TBM 施工地质工作方法的探讨

　　在 TBM 施工中,刀具所刻取的岩渣源源不断地注入机贯车车箱中,值班地质人员可通过岩片特征对围岩的岩性、颜色、成分、结构和构造进行记录。当地层厚度较大、岩性单一时,TBM 岩渣以单一的一种岩性形式出现。当地层厚度较小、多种岩石互层状产出时,TBM 岩渣则以多种岩性的混合形式出现,遇到这种情况时,地质人员可随机地采取多块岩块与岩片,观察每种岩石的块数或片数,便可大体确定岩石所占比例,再根据洞体直径大小估算出揭露厚度。

3.3.1　岩层倾向的识别

　　受构造运动的影响,大多数沉积岩层都有一定的倾角,岩层的产状要素已经标注在相关的工程地质图上。根据工程地质图,可随时了解到隧洞掘进所到达的相对位置。若 TBM 掘进的相对位置段岩层倾向与掘进方向相同,那么岩渣中所出现的某一新的岩石的位置位于洞室掌子面的上方,且随掘进深度的增加,则岩渣中该岩石含量呈递增趋势,随掘进深度的增加而含量逐渐减少的那种岩石位于洞室下方。若 TBM 掘进的相对位置段岩层倾向与掘进方向相反,则岩渣中新出现的岩石位于掌子面下方,而含量逐渐减少的那种岩石位于掌子面的上方。

3.3.2　断层带及裂隙带的识别

断层往往规模较大,影响范围较广,地表多有地貌或水文标志等,其性质、断距及产状要素等标明在地质图上,TBM 施工时可直接参考,但断层带的宽度就需要根据岩渣的特征来确定。

TBM 在完整的硬质岩石中掘进时,其岩渣规格大小基本都是均匀的,一般以岩片为主,岩块相对较少,岩面新鲜,岩粉含量占 20% ~ 30%,进尺比较缓慢,刀具推力也较大。当遇到断层影响带时,由于裂隙的发育,岩体的完整性遭到破坏,渣块易从裂隙面开裂脱落,TBM 岩渣规格呈现明显不均、大小悬殊的现象,岩块规格一般都较大,岩片量减少,岩粉量降低,部分岩块可见锈黄色铁质浸染现象,或有钙质薄膜附着,或有红黏土充填,稍张及宽张裂隙面上还能看到被钙质胶结的小角砾。

断层构造带的岩渣块规格一般较小,基本不含岩片。TBM 在断层带中掘进时,塌方时有发生,前护盾左右窗口均有向洞内掉块、流石现象,TBM 岩渣规格从不正常到正常的起止桩段位置就是断层影响带和破碎岩带的起止范围位置,桩段长度也就是断层构造带和影响岩带的宽度。

3.3.3　地下水

地下洞室在无水情况下,TBM 切削的岩块是干燥的或微潮湿的。当洞室有地下水出现时,硬质岩石的岩渣呈湿润状,软质岩石的岩渣块很少,且呈饱和状,岩粉和岩末呈泥状。另外,在前后护盾联接处下方会有少量地下水汇聚,前护盾左右观测窗口的围岩体会呈湿润状,或有地下水呈线状流。这时,可通过顶拱管片灌浆孔,检查上部岩体有无含水征兆。若上部岩体是干燥的,地下水便是来自洞室围岩体的一侧或两侧;若上部岩体有滴水或渗水现象,前护盾左右观测窗口围岩体地下水又表现出无压现象,那么地下水来自洞室上方;若上部及侧部围岩体都无地下水溢出现象,护盾下方又有积水,这就要确定是否有施工用水所产生的倒流现象,若无,则为围岩体下部岩层出水。

涌水量大小与出流状态有一定的关系,滴水和渗水的流量较小,可通过量筒来计算。涌水的出流量一般都较大,上坡掘进时,可通过预制管片下方的矩形流水槽用浮标法来计算,或用三角堰法计算;下坡掘进时,可通过洞内积水池用容积法计算,或通过下入积水池中的水泵的抽水能力来计算。

3.4　秦岭隧道的围岩分类

秦岭隧道长 18 km,是西安至安康铁路上的一个关键性工程。围岩全部为坚硬岩,主要是混合片麻岩和混合花岗岩,岩石坚硬,干抗压强度平均为 130 ~ 200 MPa,最大值为 302 MPa。

根据研究成果,TBM 工作条件的好坏主要与岩石单轴抗压强度、岩体结构面发育程度、岩石的坚硬程度及耐磨性等有关。此外,围岩的初始地应力、含水和出水状态对 TBM 的效率也有一定的影响。

秦岭的工程实践表明,岩石的单轴抗压强度是影响 TBM 掘进难易的控制因素之一,岩石抗压强度越高,掘进越困难。秦岭隧道掘进机的最佳设计适用围岩的抗压强度平均为 120~180 MPa。TBM 的掘进速度与岩石的抗压强度具有一定的负线性相关性(见图3-5)。

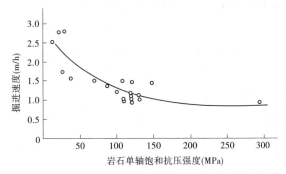

图3-5　秦岭隧道 TBM 掘进速度与岩石单轴饱和抗压强度的关系

岩石结构面的发育程度是决定围岩级别和 TBM 效率的又一主要因素,一般情况下,节理较发育和发育的岩石,TBM 掘进的效率较高;而岩体完整,TBM 破岩困难;节理很发育,岩体破碎,也不利于 TBM 效率的提高。一般而言,节理裂隙组数为 2~3 组,裂隙间距 0.3~1.0 m 为较发育,节理裂隙组数大于 3 组,裂隙间距小于 0.3 m 为发育,在岩体完整程度划分上,多属于岩体完整程度差或较破碎。因此,TBM 在完整性差或较破碎的岩体中具有较高的掘进速度。

图 3-6 为岩体完整系数 K_V 和 TBM 掘进速度的关系图,具有正抛物线形状。完整系数为 0.3~0.7,与 TBM 掘进速度为线性正相关关系;在 0.7~1.0 区间内,与 TBM 掘进速度为线性负相关关系。在岩体完整程度分类中,完整系数 K_V 大于 0.75 属于完整岩体。可见,在完整岩体中,随着岩体完整程度的提高,TBM 掘进速度迅速下降。从图 3-6 也可以看出,完整系数在小于 0.7 时,掘进速度线性增加。

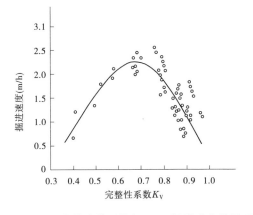

图3-6　岩体完整系数与 TBM 掘进速度的关系

据此,按岩石单轴抗压强度、岩体完整系数、岩石耐磨指数、岩石坚硬程度指标,将 TBM 工作条件的好坏或掘进的难易程度划分为三个级别(见表 3-1),即工作条件良好(A)、工作条件一般(B)、工作条件较差(C)。表 3-1 中的 K_V 值也可以用 J_V 值代替。在实际应用中,采用现行铁路隧道围岩分级标准与上述 TBM 工作条件等级相结合的多因素综合评判方法,建立了 TBM 围岩施工工作条件等级划分标准。从表 3-1 可以看出,这个围岩分级是对施工条件的说明,是把传统意义上的围岩分级和工作条件等级的结合。比如,TBM 工作条件等级好的情况出现在 Ⅱ、Ⅲ 类围岩中,而 Ⅰ 类围岩的工作条件并不是最优。

表 3-1 隧道围岩掘进机工作条件分级表

围岩分级	分级评价主要因素				隧道掘进机工作条件等级
	岩石单轴抗压强度 R_c(MPa)	岩体完整系数 K_V	岩石耐磨性 A_b(1/10 mm)	岩石凿碎比功 a(kg·cm³)	
Ⅰ	80~150	>0.85	<6	<70	I_B
		0.85~0.75	>6	≥70	I_C
	≥150	>0.75			
Ⅱ	80~150	0.75~0.65	<5	<60	II_A
			5~6	60~70	II_B
			≥6	≥70	II_C
	≥150				
Ⅲ	60~120	0.65~0.45	<5	<60	III_A
			5~6	60~70	III_B
			≥6	≥70	III_C
	≥120	<0.45			
Ⅳ	30~60	0.45~0.30	<6	<70	IV_B
	15~60	0.30~0.25			IV_C
Ⅳ和Ⅴ	<15	<0.25			不宜使用

第 4 章　西线隧洞围岩工程地质特征

4.1　基本地质条件

4.1.1　地形地貌

南水北调西线一期工程区位于青藏高原东部,主要地貌类型有丘状高原区和平坦高原区。

丘状高原区主要分布在长江水系和黄河水系的分水岭(巴颜喀拉山)以南地区,地貌类型以构造剥蚀丘状高原为主,次为断陷盆地与宽谷,海拔一般为 3 500 ~ 5 000 m,相对高差 500 ~ 1 000 m,属中等切割高山区。工程区内山顶高程均为 4 000 ~ 4 500 m 以上,最高山峰是壤塘西南的苟拉峰,高 5 178 m,河谷高程一般为 3 300 ~ 3 600 m。

平坦高原区分布在长江水系和黄河水系的分水岭(巴颜喀拉山)以北地区,地貌类型以构造剥蚀平坦高原为主。河流海拔 3 400 ~ 3 600 m,丘陵顶面海拔 4 800 ~ 4 200 m,地形十分开阔。山丘的相对高度一般在 500 m 以下,坡度小于 20°。由于风化层厚,地下水排泄不畅,在河床和沟谷中,沼泽普遍发育。

4.1.2　地层

4.1.2.1　三叠系(T)

三叠系是工程区的主要地层单元,为一套普遍受浅变质含火山岩屑的类复理石建造。岩性组合较为单一,仅出露有三叠系中、上统,由老至新共划分为以下 8 个组。

扎尕山组(T_2zg):岩性为灰、深灰色薄—中厚层状长石石英细砂岩与灰黑、深灰色钙质、粉砂质绢云板岩及粉砂岩不等厚互层,夹灰、深灰色薄—中厚层状(或条带状、透镜状等)含生物碎屑的微晶灰岩。

杂谷脑组(T_3z):岩性以灰色、绿灰色中厚—厚层状(局部巨厚层状)石英砂岩、岩屑石英砂岩、岩屑石英杂砂岩为主,夹少量粉砂岩、石英粉砂岩及灰黑色绢云板岩和粉砂绢云板岩,砂岩与板岩比例一般大于 5:1。

侏倭组(T_3zw):广泛出露于区内,岩性为灰色薄—厚层状细粒岩屑杂砂岩、长石石英砂岩、钙质石英细砂—粉砂岩与深灰色粉砂质板岩、炭质绢云板岩不等厚韵律互层,局部夹滑塌角砾岩、泥晶灰岩透镜体。整合覆于杂谷脑组之上。

新都桥组(T_3xd):岩性以灰—黑灰色绢云板岩、炭质板岩为主,夹薄层、少量中层状变质长石石英砂岩,并夹少量微晶灰岩、变质砂岩透镜体。整合覆于侏倭组之上。

如年各组(T_3rn):主要沿加德—丘洛断裂呈带状断续分布,为具混杂堆积成因的基性火山熔岩、火山碎屑岩、硅质岩、灰岩、板岩组合,下部为灰色厚层至巨厚层状石英砂岩夹少量灰黑色粉砂质板岩。该组底部断失,顶部与两河口组厚层砂岩整合接触。

格底村组(T_3gd):仅分布于甘孜以北达曲—色曲之间,岩性为灰色、局部为紫红色块状粗砾岩、深灰色板岩。

两河口组(T_3lh):岩性组合总特征为砂岩、粉砂岩、板岩的韵律互层。该组自下而上,砂岩变少,板岩增多。

雅江组(T_3y):呈北西向带状展布于甘孜一带。总体可分为两段:一段为深灰色绢云板岩与浅灰色层状粉砂岩互层,二段为深灰色绢云板岩夹浅灰色层状钙质石英砂岩及黄灰色条纹状泥质粉砂岩。

4.1.2.2　白垩系(K)

白垩系主要为财宝山组(K_1c),分布于阿坝县阿布司和久治县年宝也则一带,线路区未见其分布。下部为浅灰绿—灰绿色块状中酸性火山角砾岩,中部为灰白色酸性晶屑凝灰岩,上部为灰黑色厚层块状安山岩。与下伏三叠系呈角度不整合接触,可见厚度 >186 m。

4.1.2.3　新生界(Kz)

第三系主要出露为下第三系热鲁组(Er),仅色达县洛若乡有分布,岩性为一套由紫红色厚层状、块状砾岩,中厚层状粗、细粒砂岩及薄层状砂质泥岩的韵律互层,厚度 >676 m。

第四系出露有更新统的冲积、冰碛和冰水沉积、风成黄土三种类型沉积物,以及全新统的河流冲积、沼泽沉积和残坡积物。冲积是区内较为发育的第四系沉积类型,其中,更新世的冲积主要沿河流两岸呈线状或带状分布,以Ⅱ~Ⅴ级阶地堆积形式存在;全新统主要沿河流及较具规模的沟谷两岸呈线状或带状分布,主要分布在Ⅰ级阶地上。

4.1.2.4　岩浆岩

岩浆岩以侵入岩为主,主要分布于工程区北部年宝也则、中南部色达—马尔康一带,火山活动较微弱,仅见有少量印支期基性火山岩。白垩纪则发育陆内断陷盆地型中酸性火山岩。

中酸性侵入岩主要沿大断裂带以上杜柯断裂带和年宝也则附近集中发育。

年宝也则岩体呈岩基、岩株状,分布在引水线路西部,出露面积达 820 km^2,岩石类型主要为钾长花岗岩、似斑状二长花岗岩。

工程区火山岩不发育,主要分布在色达地区,零星出露于上三叠统两河口组中,具次火山岩特征,围岩均具不同程度角岩化和硅化,由蚀变安山岩、蚀变英安岩、蚀变流纹岩组成。白垩纪火山岩主要分布于年宝也则一带,平面上呈东西向北北东向展布,由多个较为独立的火山喷发岩体组成,最大 14 km^2,最小不足 1 km^2,为一套陆相中酸性火山岩,岩性为安山岩、火山角砾岩、凝灰岩。

基性—超基性侵入岩分布零星,仅见于甘孜西侧,一般长 100~500 m,宽 10~500 m。岩石类型多为蛇纹石化橄榄岩、辉橄岩或辉绿岩、辉长岩。

4.1.3　岩性特征

工程区出露的为三叠纪地层,为一套复理石沉积,岩性组合较为单一。主要岩性为变质岩屑杂砂岩、长石石英砂岩、钙质石英细砂—粉砂岩与深灰色粉砂质板岩、含炭质黏板岩。其中,长石石英粉砂—细砂岩、不等粒长石石英杂砂岩、含岩屑长石细砂岩和岩屑细砂岩,以薄层、极薄层为主,中厚层状次之,厚层—块状者多产出于岩组的上部层位或呈透镜体;杂基含量一般较高。板岩岩石类型以绢云板岩为主,次为粉砂质板岩、粉砂绢云板岩、炭质板岩、钙质板岩。

各试样的岩石学鉴定特征如表 4-1 所示。

表 4-1　各试样的岩石学鉴定特征

试样组	胶结方式	胶结物	颗粒比例 (%)	颗粒尺寸 (mm)	颗粒成分	颗粒磨圆	手标本 特征
砂岩 1 (7 片)	接触式 为主	泥质、硅质	40 ~ 70	0.1 ~ 1.0	石英占 50% ~ 70%,其他为长石、燧石、岩屑	棱角状—次棱角状	灰色,无层理
砂岩 2 (7 片)	基底式	钙质	30 ~ 40	0.05 ~ 0.5	石英占 50% ~ 70%,其他为长石、燧石、云母	棱角状	灰黑色,无层理
板岩 1 (11 片)	手标本特征:灰黑色,粒度极细,片理构造明显,片理面具明显丝绢光泽。 镜下特征:重结晶明显,主要为绿泥石、绢云母和泥质成分(< 0.02 mm),少量(< 10%)石英颗粒(< 0.05 mm)						

两种砂岩的石英含量有一定差异:砂岩 1(硅质泥质胶结砂岩)的石英含量较高,平均为 36%,砂岩 2(钙质胶结砂岩)的石英含量略低,平均为 20.7%,见图 4-1。这一石英含量对 TBM 刀具磨损有一定的影响。

两种砂岩的 3 个砂岩薄片的扫描电镜观察描述如下。

砂岩 1(编号 SS1):颗粒之间胶结致密,孔隙小,粒间胶结物有溶蚀现象。颗粒边缘有溶蚀现象,形成粒缘次生孔隙。颗粒表面有强烈的风化溶蚀现象,形成溶蚀浅坑、浅槽。颗粒表面溶蚀坑中后期次生针状片状雏晶(绿泥石族矿物)沉淀。砂岩长石颗粒表面溶蚀微裂隙,边缘为圆弧港湾状。

砂岩 1(编号 1):粒间胶结总体上比较致密,但受后期风化溶蚀影响,粒间胶结物内形成了较大的深孔,而且形成了一些溶蚀浅槽。有次生矿物再次结晶现象。

砂岩 2(编号 M1):颗粒间胶结致密,粒间无缝隙。胶结物有溶蚀现象,形成风化坑槽溶坑。坑槽溶坑内有次生矿物沉淀现象和矿物次生生长情况(碳酸盐类矿物或石英)。

扫描电镜观察表明,砂岩中颗粒大部分非常完整,除长石的原生解理外,颗粒中微裂隙发育很少,胶结物和颗粒之间连接紧密,粒间胶结物有少量溶蚀现象。

4.1.4　地质构造和断层活动性

西线工程区主体位于松潘—甘孜褶皱系的巴颜喀拉褶皱带内,区内主要构造线方向呈北西—北西西向,东端部分地段出现弧形偏转。三叠纪及其以前的地层厚度较大,且普遍变质。地壳厚度较大,波速高,分层多,横向变化大,上地壳和中地壳内含有低速层,下地壳为梯度层,波速高,地壳属于稳定型地壳结构。

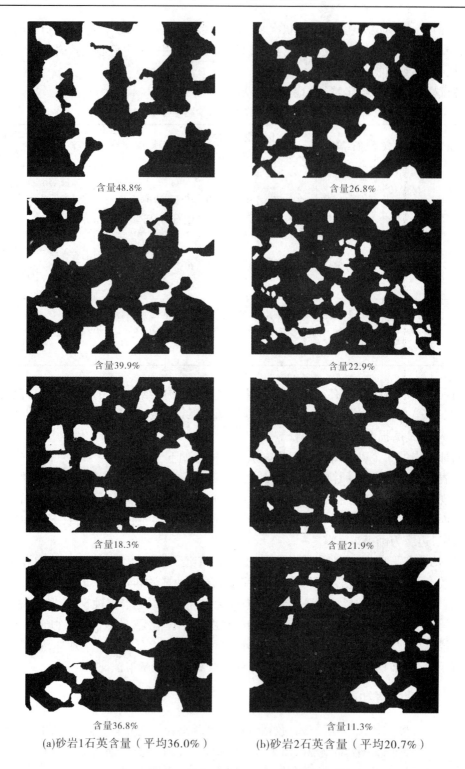

图 4-1　砂岩石英含量统计图表（图中白色部分为石英）

　　巴颜喀拉褶皱带可分北巴颜喀拉褶皱带、中巴颜喀拉褶皱带、南巴颜喀拉褶皱带和雅江褶皱带。北巴颜喀拉褶皱带北以库—玛断层带为界,南以甘德南—阿坝断层带为界;中巴颜喀拉断褶带北以甘德南—阿坝断层带为界,南以主峰—上红科—塔子断层带为界;南巴颜喀拉褶皱带北以主峰—上红科—塔子断层带为界,南以长沙贡玛—大唐坝断层带为界;雅江褶皱带其北以长沙贡玛—大塘坝断层为界,南以玉树—甘孜断层带为界。

4.1.4.1　新构造运动特征

　　松潘—甘孜褶皱系的四周边界断层和两褶皱带的分界断层新构造运动非常强烈,是块体运动引发应力集中和释放能量的主要场所。松潘—甘孜褶皱系内部新构造运动相对较弱,主要表现为西高东低的掀斜式隆起,垂直差异运动不甚明显,断层活动幅度较小。

　　新构造运动在空间上具有明显的分区性,时间上也很不均衡,表现为高原强烈隆起和地壳增厚、块体间强烈的差异升降运动、水平地壳运动占主导地位、继承性和新生性以及显著的阶段性和间歇性等特点。

　　工程区新构造运动在时间上可划分三个阶段,即晚第三纪升降运动异常强烈,早、中更新世升降运动显示出振荡式升降,晚更新世以来主要表现为微弱的升降运动。区域经历了高原隆升的全部过程,全新世地壳运动的总体特征是新构造运动特征的继承和发展,在第四纪区域性抬升的基础上表现出明显的分区性。区内构造运动为大区域的整体抬升,其间又存在差异动力。新生代以来构造运动强烈,活动断裂发育,地震频繁发生,使得区域地壳呈现不稳定势态,但其间又有相对的稳定区域。

　　工程区垂直地形变特征表现为整体相对上升,垂直地形变速率等值线走向与区内构造线走向大体一致。在工程区的西南沿鲜水河断层带,两侧的垂直形变表现为明显的升降差异活动。在该断层的北东侧形成强烈的隆起区,并分别在色尔坝和道孚东侧形成两个隆起中心。而在该断层的南西侧则形成一明显的下降区,下沉中心位于卡美一带,表明位于工程区临近鲜水河断层的这一局部地段有较为强烈的垂直隆升作用。全新世以来的构造运动基本上继承了更新世的运动特点。地壳垂直形变测量资料证明,川西高原在不断上升,本区地壳运动的总貌以继承性为主,新生性不明显。

4.1.4.2　断层地质特征和活动性评价

　　调水工程区四周被深大断层所围限,断层活动具有明显的继承性,断裂活动幅度较小,活动断裂不发育。工程区主要发育有北西向断裂,其他方向的断裂规模小,数量少。

　　主要断裂大多形成于中生代,在时空分布上大都具有明显的继承性、区域性和分段活动性特征。第一期工程区及周围主要断层带从北到南主要有甘德—久治断层带(F1)、章达—麦尔玛断裂(F2)、甘德南—阿坝断层带(F3)、白玉断裂(F4)、班玛—灯塔断层带(F5)、亚尔堂—灯塔断层带(F6)、阿斯玛—茸木达断裂(F7)、桑日麻—上杜柯—南木达断层带(F8)、年龙寺断裂(F9)、主峰—上红科—塔子断层带(F10)、旦都—丘洛断层带(F11)、东谷断裂(F12)、达曲—然充断裂(F13)、长沙贡玛—大塘坝断层带(F14)、年古—侏倭断裂(F15)、鲜水河断层带(F16)、玉树—甘孜断层带(F17)。

　　根据野外调查和室内测试结果,工程区附近断裂大多数不具有活动性。坝址场区内没有发现活动断裂和地震震中分布,线路区外围分布有两条活动断裂(近场断裂),鲜水河的西延段(大于 40 km)和阿坝断裂(20 km),但没有活动断裂切穿隧洞。在 300 km 范围内的活动断裂有甘孜—玉树断裂(大于 70 km)、甘德断裂(200 km)和桑日玛断裂(120 km)。

阿坝断层系的阿坝盆地北缘断层中的模苏断层、阿坝盆中断层和阿巴盆地南缘断层在晚更新世有过活动;工程区南部的鲜水河断层全新世以来仍在活动。另外,位于工程区以南的玉树—甘孜断裂属于活动断裂。工程区其他断层没有发现晚更新世以来活动的证据,属于非活动性断层。

玉树—甘孜断裂南东段沿马尼干戈—错阿—绒坝岔—甘孜—拖坝一带展布。该断裂第四纪以来活动强烈,晚更新世以来以水平左旋滑动为主,水平滑动速率为 5 mm/年左右,沿断裂发育了众多呈串珠状排列的第四纪盆地,大多受断层活动控制。该断裂的活动性对热巴坝址和阿达坝址的影响应引起重视。

鲜水河断层切错达曲河Ⅰ级支流Ⅰ级阶地,显示为逆走滑运动特征,属全新世活动断层。断层在卡苏东南沿鲜水河发育,在卡苏西北遥感影像不明显并被北东向断层所切割。地震动参数区划图显示该断层的地震危险段在康定一带。

阿坝断层为三级构造单元北巴颜喀拉褶皱带和南巴颜喀拉褶皱带的分界断层,引水线路从阿坝盆地西北边缘通过,引水线路处断层带表现为强劈理化带、石英脉透镜体带、砂岩透镜体、局部炭化断层泥。引水线路以东的盆地内,阿坝断层带的阿坝盆地北缘断层的模苏断层、阿坝盆中断层和阿坝盆地南缘断层都发现有晚更新世以来的活动证据。阿坝盆地北界断层的模苏断层强震平均重复间隔约为 2.52 万年,最后一次事件的离逝时间为 1.115 万年,一次事件的垂直位移量在 1.2 ~ 1.4 m,最小垂直滑动速率为 0.06 mm/年,该断层活动段长为 25 ~ 30 km,未来工程运营期内不会发生位移量大于 0.68 m 的地表破裂事件。阿坝盆中断层长度约 26 km,主要活动时间为晚更新世早中期,距今 8.5 万 ~ 2.3 万年之间发生过一次破裂事件,垂直滑动速率为 0.029 ~ 0.1 mm/年,未来工程运营期内活动段的潜在垂直位移为 0.67 ~ 2.32 m。阿坝盆地顺河断层垂直滑动速率约为 0.18 mm/年,破裂带最大宽度为 15 ~ 20 m。古地震平均重复间隔约为(0.975 ± 0.175)万年,未来 200 年内该断层有再次发生垂直位移最大达 2.62 m 的地表破裂事件的可能。初步分析三条断层是以黏滑为主的活动断层。

4.1.5　地震特征与区域稳定性评价

4.1.5.1　区域地震特征

区域地震活动分布与构造关系密切,特别是强震大多发生在活动断裂上。区内历史破坏性地震震中的条带性分布明显,主要沿康定—道孚—炉霍—甘孜北西向展布。

从中强震的空间分布可以看出,区内 $Ms \geq 4.7$ 级的地震比较集中地分布在工程区西南部鲜水河断层以及工程区北部。中南部地区 $Ms \geq 4.7$ 级的中强地震很少。$Ms \geq 7.0$ 级的地震除 1947 年达日的 7.75 级地震外,几乎均发生在鲜水河断层带上。这说明鲜水河断层是一条地震频度极高、强度极大的活动断层构造带,也是最为重要的强破坏性地震构造带。区内其他地区的中强震活动相对较为分散,桑日麻—杜柯河断层除 1947 年级地震外,其东南段也有一些中强地震发生;沿甘德南—阿坝断层带附近,有一些中强地震沿带发生。

根据中国地震局地震目录,区域内 150 km 共记载到 $Ms \geq 4.7$ 级地震 103 次,其中

6~6.9级地震22次,7~7.9级地震8次,没有8级及以上地震。区域内7级以上强破坏性地震的平均重复时间为25年;6.0~6.9级地震共21次,平均重复时间间隔为14年。根据 $Ms~T$ 图各个地震活跃期或活跃时段的分析,或是从全区6、7级以上地震平均重复时间计,区域范围内在近几年内存在着发生 $Ms \geqslant 6.0$ 级地震的可能。

强震活动主要集中在工程区所在褶皱带边缘的地震带上,褶皱带内的地震活动在强度和频度上都相对大为减弱,近场区基本无强震分布,工程区总体属于弱震水平。

4.1.5.2　工程区地震动参数

工程区地震动峰值加速度阿柯河以东为 $0.05g$,色曲—阿柯河之间为 $0.10g$,达曲—色曲之间为 $0.15g$,达曲以西雅砻江支流定柯口以南为 $0.20g$,工程区大部分地区地震动峰值加速度为 $0.05g~0.10g$,仅在雅砻江—达曲间由于受鲜水河地震带的影响地震峰值加速度大于 $0.15g$,但分布面积较小。一期工程区反应谱特征周期主要为 0.45 s,仅在泥曲以西为 0.40 s。

4.1.5.3　区域稳定性评价

西线工程区主体位于松潘—甘孜褶皱系的巴颜喀拉褶皱带内,工程区附近发育活动断裂和地震带,其地壳活动性和地质背景受到广泛关注。区内主要构造线方向呈北西—北西西向,东端部分地段出现弧形偏转。三叠纪及其以前的地层厚度较大,且普遍变质。地壳厚度较大,平均速度高,分层多,横向变化大,上地壳和中地壳内含有低速层,下地壳为梯度层,速度高,地壳属于稳定型地壳结构。

根据引水线路沿线50年超越概率10%峰值加速度区划图,考虑到西线工程的实际地质条件,西线工程区可分为稳定、基本稳定、次不稳定三类(图4-2),绝大部分地区为基本稳定区,不存在不稳定区。久治稳定区位于黄河和阿坝县城之间,基本属于黄河流域,发育有稀疏的断裂,第四纪断裂活动不明显,区内仅有弱震震中分布,并且不在地震带范围之内。班玛—壤塘基本稳定区位于阿坝县城和泥曲之间,仅在阿坝盆地附近有活动断裂发育,在壤塘县中壤塘—观音桥一带有两次5.5级地震发生。次不稳定区有桑日麻—莫坝和甘孜两处,桑日麻—莫坝次不稳定区分布于达日曲两侧的桑日麻断裂带东端,发生有1947年达日7.75级地震;甘孜次不稳定区分布于雅砻江—达曲两侧,东南部发育有鲜水河活动断裂,西侧发育有玉树—甘孜断裂,据初步统计,在图4-2范围内,该带发生6~7级地震3次,雅砻江热巴坝址和达曲阿安坝址位于此带。在甘孜—炉霍次不稳定区东部的炉霍—道孚一带发生7~8级地震3次,属于不稳定区。

4.2　水文地质条件

工程区较大的河流有长江流域的雅砻江及其支流达曲、泥曲,大渡河支流色曲、杜柯河、玛柯河、阿柯河以及黄河流域的贾曲。水系的发育明显受地质构造的控制,主干河流发育方向多与构造走向一致,呈北西—北北西向,次级支流溪沟多垂直于构造线方向发育,呈北东向。河流年径流量变化较大,一般1~3月为枯水期,7~9月为洪水期,洪、枯水量变化十分明显,达4~8倍。

地表径流的来源为大气降水以及冰雪融水和地下水。丰水期补给主要为大气降水和

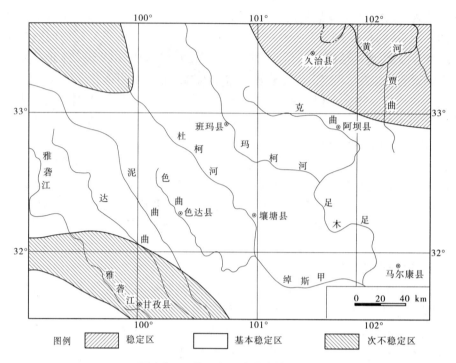

图 4-2　西线工程区域稳定性评价图

冰雪融水,7~9 月的径流量可达年径流量的 50%~70% 以上。枯水期主要为地下水补给,高山湖泊也是部分地表径流形成的水源条件。

河流的水文特征具有山区河流的特征,水流速度快,滩多流急,流速一般为 0.5~2 m/s,最大可达 5 m/s,支流跌水常见,纵坡降可达 1%~5%,雨后水位涨落较快。

4.2.1　地下水类型

根据含水介质的基本特征、地下水赋存条件及水力性质,将工程区内地下水划分为松散岩类孔隙水与基岩裂隙水。

4.2.1.1　松散岩类孔隙水

松散岩类孔隙水主要分布在工程区山间盆地、干支流沟谷中的第四系松散堆积层中,如雅砻江部分宽谷、色达洛若乡、杜柯河谷、玛柯河谷、阿坝盆地加尔多、黄河宽谷及支流等。其主要受大气降水及洪水期河水补给,径流条件好。

可将松散层孔隙地下水划分为松散层孔隙潜水和松散层孔隙潜水—承压水两个亚类。

1)松散层孔隙潜水

松散层孔隙潜水普遍分布于第四系各种成因类型的松散堆积物中,含水层类型为砂砾卵石、砂层积砂壤土等,地下水位埋深一般较浅,为 1~5 m,在冲洪积扇的扇体顶部和高阶地前可达 20~30 m。含水层厚度一般为 30~50 m。含水层底板埋深一般为 50~80 m,部分达 120 m。水质类型以重碳酸钙为主,矿化度一般为 0.1~0.3 g/L,局部地段潜水由于地表缺乏隔水盖层而直接受到地表污水、沼泽水补给,使水质受到不同程度的污染。

反映在水化学上 NO_3^-、Cl^-、SO_4^{2-}、NH_4^+、耗氧量等明显偏高,如阿坝盆地地下水。孔隙水的富水性强弱随时代、成因类型、流域的上、中、下游位置等因素不同而有很大变化,这些因素对富水性的影响主要通过岩性和厚度表现出来。

2)松散层孔隙潜水—承压水

松散层孔隙潜水—承压水分布局限,在黄河贾曲河谷,松散堆积层厚度大,地表土层薄,微弱发育沼泽,少部分为非沼泽或中等发育的沼泽,下伏砂砾卵石层,局部夹泥砾层或黏土层,下层地下水承压或微承压。

4.2.1.2 基岩裂隙水

按裂隙的成因基岩裂隙水可分为风化带网状裂隙水和构造裂隙水。

1)风化带网状裂隙水

工程区海拔高,气候寒冷,温差大,物理风化作用十分强烈,风化裂隙的发育为基岩地下水的赋存提供了空间。风化带厚度一般为 20～50 m,成为浅层基岩地下水赋存的重要场所。

风化带的发育及其厚度明显受地貌类型及其侵蚀、剥蚀作用的控制,一般高原丘陵区风化带保存较好,高山峡谷风化壳保存较差。风化带节理裂隙发育,彼此相通,富水性较好,构成风化带网状裂隙水。微风化岩体裂隙不发育,且多为隐裂隙,基本不含水。

水质多为重碳酸钙型,矿化度一般在 0.1～0.2 g/L,部分地区低于 0.1 g/L。泉水流量受气候影响变化明显,雨季和春末雪融期泉水流量明显增大。

2)构造裂隙水

工程区褶皱强烈,断裂发育,构造形式主要为复式褶皱和顺层断裂,岩层倾角较陡,受多次构造运动的作用,裂隙发育,尤其是陡倾角的层面裂隙成为地下水赋存的良好介质条件。

含水层主要为三叠系中、上统各组地层以及一些零星分布的岩浆岩体和白垩系、第三系砂岩。各含水岩组的富水性受岩性厚度、裂隙发育、地形汇水条件以及地表植被发育等众多因素影响而变化。单斜构造的厚层块状砂岩的节理裂隙率比板岩段裂隙率高,前者多为 1%～2%,后者仅为 0.4%～1%,尤其是大段连续分布的砂岩,层面层间裂隙发育,裂隙率可达 3% 左右,有形成层间裂隙水的条件,是微风化及新鲜岩体含水的主要条件。

区内规模较大的主干断裂系,裂隙极为发育,自成一个含水体系,对区域地下水的分布和富集起着明显的控制作用。在构造复合部位、压性断裂影响带、分支断裂与主干断裂的交汇部位、构造转折部位、向斜核部等泉水出露多,流量大。

4.2.2 地下水补给、径流、排泄特点

4.2.2.1 松散岩类孔隙水的补给、径流、排泄特点

(1)松散岩类孔隙水主要依靠大气降水补给,此外还接受地表水和周边基岩裂隙水补给。由于上覆土层较薄,透水性好,地下水径流条件好,径流途径短,其动态变化受气象因素控制。

(2)地下水的排泄主要是蒸发或直接向河流排泄或为泉溢出地表,地下水露头主要分布于洪积扇前缘。

（3）松散岩类孔隙水与地表水联系密切。

4.2.2.2　基岩裂隙水的补给、径流、排泄特点

（1）由于高寒地区强烈的融冻风化作用，基岩受强烈的物理风化，风化和卸荷裂隙十分发育，其强烈风化裂隙带的厚度达 40 ~ 50 m，风化裂隙发育的深度可达 100 m，但因为高寒和岩性的原因，化学风化微弱，因此风化裂隙水十分发育。降水入渗系数很高，表现在许多地方山坡上地表一、二级（初级）冲沟非常稀疏，有的地方甚至几千米的山坡上没有一条冲沟，说明这些地方降雨大部分渗入地下，很少直接成为地表水。根据水文图分析，工程区的地下水径流模数很高，也说明了这个规律。

（2）强大的风化裂隙带径流使深部的构造裂隙带的富水性增高，地下水沿众多的、规模巨大的断裂带发生活跃的深循环作用。这些断裂带往往能出现局部承压水的现象。

（3）工程区地处丘状高原与低高山两种地貌的过渡带，地形切割较强，在侵蚀基准以上，地下水径流通畅，地下水水质好，矿化度低（一般小于 0.3 g/L），一般为 Ca—HCO$_3$ 型水。

（4）在杜柯河断裂带、色达断裂等与岩浆活动有关的断裂带的影响范围内，由于通过断裂带水的深循环，往往形成一些矿泉。这些矿泉一般为 Ca(Mg)Na—HCO$_3$ 型水，矿化度较高。

4.2.3　水化学类型

4.2.3.1　水化学类型

工程区水化学特征受地形地貌，地质构造，含水层岩性，地下水补给、径流、排泄条件，气候等因素控制，地下水一般无色、无味、无嗅，平均水温 8.76 ℃，水质类型主要为重碳酸钙型、重碳酸钙镁型。

重碳酸钙型和重碳酸钙镁型水的分布大致以玛柯河为界，在玛柯河的东北侧为重碳酸钙型，在玛柯河的西南侧为重碳酸钙镁型，重碳酸钠型水及和钠有关的重碳酸型水主要分布于杜柯河的西穷周围的支沟，色曲洛若乡上游，泥曲流域塔子乡、纪侧宗、达吉冷寺附近，达曲流域夺多—纳洛沟、丘洛村沟内。

（1）重碳酸钙型水：主要分布于工程区的贾曲、阿坝、班玛等地区内，矿化度较低，水质以软水居多，pH 值以中性为主。

（2）重碳酸钙镁型水：主要分布于工程区西南侧的甘孜、色达和壤塘县境内包括达曲、泥曲、色曲和上杜柯河流域的广大地区，矿化度略高于重碳酸钙型，水质以软水至弱硬水为主，pH 值呈中性。

（3）重碳酸钠型水：重碳酸钠型水中包括和钠有关的重碳酸型水，这一类型的水分布地域不广，受区域构造断裂和隐伏岩体的控制，矿化度高，最高达 3.35 g/L，平均为 1.36 g/L，水质硬度为硬—极硬。一些地区的重碳酸钙型水和重碳酸钙镁型水随着地表往下深度的增加，地下水的钠质成分含量增加而出现钠质水。

4.2.3.2　工程区水化学特性

不同类型地下水，由于其形成、分布和循环的特征不同，表现出水化学成分上的差异，因此水化学分析是揭示地下水径流循环的重要手段。

1)河、沟、溪水水化学特征

地表河、沟、溪水是大气降水和其他类型地下水的溶合混合,其水化学成分和水化学特征受大气降水即随季节变化而变化,另外,地表径流水化学特征同样受地域的地下水化学成分所影响。

地表河、沟、溪水水质类型为重碳酸钙型和重碳酸钙镁型两类,其化学成分受其他类型水的化学成分影响,在裂隙承压水区域钠含量明显高于其他地方,最高时可达阳离子总量(mg/L)的 22.8%。矿化度变化范围较小,为 0.11 ~ 0.42 g/L。pH 值略高于其他类型的水,为 6.7 ~ 8.4。

2)松散岩类孔隙水水化学特征

松散岩类孔隙水水质多为无色、无味、无嗅、透明,主要的补给来源为大气降水,大气降水经过短暂的第四纪沉积层淋滤、淋溶,具有自身的化学特点。pH 值略大于 7,最小为 6.7,最大值为 8.2,pH 值介于 7 ~ 8 的水样品数为 40 个,占第四系孔隙水的 95%。第四系孔隙水的矿化度略高于地表河、沟、溪水,均值为 0.328 g/L,水质硬度 1.05 ~ 6.59(mg/L),多数为 2.5 ~ 4.5,占该类水样的 2/3 左右。

3)裂隙潜水水化学特征

基岩裂隙潜水的泉口出露点或地下水围岩主要为板岩、砂板岩和浅变质的细砂岩、砂岩等。水质无色、无味、无嗅、透明。化学成分含量和特征成分含量非常接近第四系孔隙水,但其离散程度远远大于第四系孔隙水,pH 值最小值为 6.4,最大值为 8.2;矿化度最小为 0.06 g/L,最大为 0.446 g/L;水质硬度最小为 0.8 mg/L,最大为 7 mg/L。

4)基岩裂隙承压水

基岩裂隙承压水分布范围不大,水化学成分和水化学特征成分特点是四高一低:高钠、钾含量,高气含量,高矿化度和水质高硬度;低 pH 值。水化学类型特殊,以重碳酸钙(镁)钠型水为主。

4.3　围岩 T 系统分类

4.3.1　围岩分类方法

《水利水电工程地质勘察规范》(GB 50487—2008)附录 N,主要以岩石强度、岩体完整性、结构面状态、地下水状态和主要结构面产状等 5 项指标来判定围岩类别。总评分为岩石强度评分、岩体完整性评分、结构面状态评分、地下水状态评分和主要结构面产状评分的代数和,然后根据评分的多少和 S(S 为围岩强度与最大主应力的比值)值的大小来确定围岩类别。

4.3.1.1　工程地质岩组划分

引水隧洞围岩岩性主要为三叠系浅变质砂岩与板岩的韵律层,根据工程地质性质和砂岩、板岩所含比例的不同,将隧洞区的岩性划分成 5 种工程地质岩组(见表 4-2)。

表 4-2 隧洞区工程地质岩组划分

岩组	简写	岩性组合	单层厚度	砂岩、板岩比例	地层
砂岩夹板岩组	s + b	以砂岩为主,夹少量板岩	砂岩以厚层、中厚层为主,板岩为薄层、极薄层	3:1 ~ 5:1	T_2zg^2, T_3z T_3zw^2
砂板岩互层组	s∥b	砂岩、板岩呈间互出现	砂岩以中厚层为主,板岩以薄层为主	2:1 ~ 1:2	T_2zg^3, T_3zw, T_3lh^2
板岩夹砂岩组	b + s	以板岩为主,夹少量砂岩	砂岩以中厚层、薄层为主,板岩主要为薄层、极薄层状	1:2 ~ 1:9	T_2zg, T_3xd
构造影响带	—	—	—	—	—
构造破碎带	—	—	—	—	—

4.3.1.2 结构面分级

岩体结构特征主要取决于岩体中结构面的发育程度和组合形式。结构面的发育程度和规模不仅影响工程岩体的力学性质,而且影响工程岩体的稳定性。西线隧洞围岩岩体结构的突出特点是陡倾角的砂板岩地层,发育的结构面主要有断层、挤压破碎带、软弱夹层、构造节理、层面节理、劈理等。各类破裂结构面在线路的不同地段发育的规模、频度有很大的差别。工程区构造线主要沿北西西向展布,一般褶皱构造与断裂构造相伴产出,形成褶—断式的构造组合样式。主要大断裂带有阿坝断裂带、亚尔堂断裂带、上杜柯断裂带、塔子断裂带、色达断裂带、丘洛断裂带等。

根据结构面的宽度及延伸长度将结构面分为 5 级,各级结构面的规模及其工程意义如表 4-3 所示。

在西线引水隧洞区,区域性大断裂有阿坝断裂带、杜柯河断裂带、塔子断裂带、色达断裂带以及达曲附近的丘洛断裂带等,规模较大,有的破碎带宽度大于 100 m,影响区域构造稳定性,属于Ⅰ级结构面;阿坝以西发育的弧形断层加绒拉日尔断层带,破碎带宽度 10 ~ 30 m;杜柯河北的则柯断层顺阿斯玛购发育,宽度在 20 m 左右,杜柯河与色曲分水岭的拉日断层带等,属于Ⅱ级结构面断层;区内构造发育,Ⅲ级结构面的断层、层间错动等常见;Ⅳ~Ⅴ级结构面的节理、劈理发育,以阿坝以西为例,主要发育 4 组节理,裂隙密度为 5 ~ 11 条/m,劈理非常发育,多数地段对层理构成置换。在西线隧洞中,Ⅰ、Ⅱ级结构面对隧洞影响较大。

4.3.1.3 岩体结构划分

岩体受不同规模等级结构面的切割,呈现出不同的结构类型。根据引水隧洞区的地质条件,将岩体结构划分为块状结构、厚层状结构、中厚层状结构、互层状结构、薄层状结构、碎裂结构及散体结构 7 类(见表 4-4)。

表4-3 引水隧洞区结构面分级特征

级别	结构面名称	规模	工程地质意义
I	区域性断裂、大断层	延伸数千米至数十千米,贯通岩体,破碎带宽大于 30 m	影响区域构造稳定性,直接影响工程岩体的稳定性
II	较大断层	延伸数千米,破碎带宽 10~30 m	直接影响工程岩体的稳定性
III	断层、层间错动、原生软弱夹层	延伸长而宽度不大的区域地质界面,破碎带宽度比较窄,几厘米至数米	控制工程区的山体或岩体稳定性,影响工程布局,具体建筑物应避开或采取必要的处理措施
IV	小断层、大节理、夹层、延伸较好的层面及层间错动	长度数十米至数百米的断层,宽度一般数厘米至 1 m 左右	影响或控制工程岩体的稳定性,如地下洞室围岩稳定性及边坡岩体稳定性等
V	延伸较差的节理、层面、次生裂隙、片理、劈理	长度一般数厘米至 20~30 m 不等,宽度零至数厘米	构成岩块的边界面,破坏岩体的完整性,影响岩体的物理力学性质及应力分布状态,而且在很大程度上影响岩体的破坏方式

表4-4 岩体结构分类表

类型	岩体结构特征	代表岩组	结构面发育特征
块状结构	岩体较完整,呈次块状,结构面中等发育,间距一般为 30~50 cm	岩浆岩脉或岩体	以IV、V结构面为主,结构面多闭合
厚层状结构	岩体较完整,呈厚层状,结构面轻度发育,间距一般为 50~100 cm	s	以IV、V结构面为主,一般发育 2~3 组
中厚层状结构	岩体较完整,呈中厚层状,结构面中等发育,间距一般为 30~50 cm	s+b	以IV、V结构面为主,偶见III级结构面
互层状结构	岩体较完整或完整性较差,呈互层状,结构面较发育,间距一般为 10~30 cm	s//b	以III、IV、V结构面为主
薄层状结构	岩体完整性较差,呈薄层状,结构面发育,间距一般小于 10 cm	b+s	III、IV、V结构面均发育
碎裂结构	岩体完整性差,岩体较破碎,结构面很发育,间距一般小于 10 cm	断层破碎带及影响带	结构面发育
散体结构	岩体破碎,岩屑、泥质物、岩块等发育	断层破碎带	各级结构面发育

4.3.1.4　T 系统和 RMR 系统围岩分类比较

引水隧洞虽然较长,但岩性单一,根据岩组和岩体结构划分,对一般岩体进行了分类(见表4-5)。

表 4-5　一般岩体综合评分表

分类		评分项目	中厚层—厚层状结构(s + b)	互层状结构(s//b)	薄层状结构(b + s)	碎裂结构	散体结构
T系统	1	单轴饱和抗压强度(MPa)	65 ~ 80	50 ~ 70	40 ~ 30	60 ~ 30	25 ~ 5
		评分	20 ~ 30	16 ~ 22	10 ~ 15	10 ~ 20	0 ~ 8
	2	岩体完整性系数	0.55 ~ 0.75	0.55 ~ 0.75	0.35 ~ 0.15	0.35 ~ 0.15	<0.15
		评分	25	25	9	6 ~ 9	4
	3	节理张度(mm)	<0.5	0.5 ~ 5.0		>5.0	>5.0
		充填情况	无充填	钙、泥质	无充填	钙、硅、泥质	钙、硅、泥质
		裂隙面情况	平直闭合	平直粗糙	平直闭合	不规则	不规则
		评分	15 ~ 21	15 ~ 21	17	12	4 ~ 8
	4	地下水活动情况	渗水滴水	渗水滴水	渗水滴水	线状流水	线状流水—涌水
		评分	−5	−6	−6	−10	−10 ~ −18
	5	结构面与轴线夹角(°)	90 ~ 60	60 ~ 90	60 ~ 90	60 ~ 90	60 ~ 90
		结构面倾角(°)	60 ~ 80	60 ~ 80	60 ~ 80	50 ~ 75	45 ~ 80
		评分	−5	−5	−5	−5	−5
		总评分	$\frac{50 \sim 66}{58}$	$\frac{45 \sim 57}{51}$	$\frac{25 \sim 30}{27}$	$\frac{13 \sim 26}{20}$	$\frac{-7 \sim -3}{-5}$
RMR系统	1	单轴饱和抗压强度(MPa)	65 ~ 80	50 ~ 65	40 ~ 30	60 ~ 30	25 ~ 5
		评分	7	7	4	4 ~ 6	2
	2	RQD	75 ~ 90	50 ~ 75	25 ~ 50	<25	<25
		评分	13 ~ 17	13	3 ~ 8	3	3
	3	不连续面间距(mm)	200 ~ 600	200 ~ 600	60 ~ 200	<60	<60
		评分	10 ~ 15	10 ~ 15	8 ~ 10	5 ~ 8	5
	4	不连续面条件	平直闭合	平直粗糙	平直闭合	不规则	不规则
		评分	25 ~ 30	20 ~ 25	20	10 ~ 15	0 ~ 10
	5	地下水一般条件	滴水	渗水滴水	渗水滴水	线状流水	线状流水—涌水
		评分	4 ~ 7	4 ~ 7	4 ~ 7	0 ~ 4	0
	6	不连续面产状	一般	一般	一般	一般	一般
		评分	−5	−5	−5	−5	−5
		总评分	$\frac{54 \sim 71}{65}$	$\frac{49 \sim 62}{56}$	$\frac{34 \sim 44}{38}$	$\frac{17 \sim 31}{25}$	$\frac{5 \sim 15}{10}$

注:不连续面产状评分均取 −5;在总评分中,分子为范围值,分母为一般值。

从表 4-5 中可以看出,虽然两个围岩评分系统和评分标准不同,但分类结果相差不大。砂岩夹板岩岩组(s+b)属于Ⅱ～Ⅲ类围岩,s//b 岩组基本属于Ⅲ类围岩,(b+s)岩组属于Ⅲ～Ⅳ类围岩,其余两个岩组属于Ⅳ～Ⅴ类围岩。

同时,可以看出两种分类方案中,完整岩石抗压强度对评分有重要影响,掘进机破碎岩石过程是冲击压碎和剪切破碎的复合过程,从掘进机破岩过程分析,选用现场的快速测试(如点荷载试验、回弹试验等)获得的强度比实验室测得的岩石强度更符合掘进机的分类状况;在掘进机破岩过程中,原位初始应力发生改变,应考虑开挖后应力变化对分类的影响。根据一般岩体分类,结合隧洞区结构面发育情况以及地应力影响,作适当修正,可以对西线一期工程中长隧洞围岩进行初步的分类。根据以上原则,南水北调西线一期工程引水隧洞中Ⅱ类围岩占 25%,Ⅲ类围岩占 64%,Ⅳ～Ⅴ类围岩占 11%。

4.3.2　围岩 T 分类情况

隧洞围岩主要以砂岩、板岩为主,花岗岩、闪长岩、石英岩局部分布,其中砂岩、花岗岩、石英岩为中硬岩—极硬岩,板岩为较软岩—较硬岩。

隧洞围岩主要为Ⅱ～Ⅲ类围岩,局部为Ⅳ～Ⅴ类围岩。对各洞段围岩分类结果进行统计分析,引水隧洞Ⅱ类围岩占 27% 左右,Ⅲ类围岩占 64% 左右,Ⅳ～Ⅴ类围岩占 9% 左右,围岩整体稳定性较好,局部稳定性差,对Ⅳ～Ⅴ类围岩段应加强地质预报和施工支护。Ⅳ～Ⅴ类围岩主要分布在引水隧洞进出口段、浅埋段、构造破碎带等处。

4.3.2.1　雅砻江—达曲

隧洞区出露的地层主要为三叠系浅变质碎屑岩,岩性主要为岩屑石英砂岩、杂砂岩、长石石英砂岩与板岩不等厚互层夹灰岩透镜体,可划分为砂岩夹板岩组、砂板岩互层组和板岩夹砂岩组。局部出露侵入岩浆岩体、岩脉。围岩以Ⅱ和Ⅲ类为主,局部为Ⅳ类,断层带附近为Ⅳ和Ⅴ类。其中,Ⅱ类占 32.1%,Ⅲ类占 55.6%,Ⅳ～Ⅴ类占 12.3%。

4.3.2.2　达曲—泥曲

隧洞区出露的地层岩性为三叠系浅变质的砂板岩和第四系松散堆积物。三叠系占整个测区面积的 90% 以上,可划分为砂岩夹板岩组、砂板岩互层组、板岩夹砂岩组等工程地质岩组,断层破碎带发育地段,岩体破碎,可划分为破碎岩组。统计结果表明:砂岩夹板岩组属于弱透水—中等透水,砂板岩互层组属于弱透水—中等透水岩组,板岩夹砂岩组属于微透水—中等透水岩组。

Ⅲ类围岩占 92.9%,Ⅳ类围岩占 5.6%,Ⅴ类围岩占 1.5%。Ⅳ类围岩主要分布于旦都—丘洛断层带和隧洞进出口基岩强风化带。

4.3.2.3　泥曲—杜柯河

隧洞区出露地层岩性有三叠系浅变质砂板岩、第三系断陷盆地碎屑岩和第四系松散堆积物,可划分为砂岩夹板岩组、砂板岩互层组、板岩夹砂岩组等工程地质岩组;砂岩岩组和板岩组分布较少,主要在以上岩组中呈透镜体分布。以砂岩或砂岩夹板岩为主的岩组透水性较大,以砂板岩互层或板岩夹砂岩为主的岩组透水性较小,以板岩为主的岩组透水性最弱。Ⅱ类围岩占 16.9%,Ⅲ类围岩占 68.6%,Ⅳ～Ⅴ类围岩占 14.5%。

4.3.2.4　杜柯河—玛柯河

隧洞区出露三叠系浅变质碎屑岩、第四系松散堆积物,南段有较多的中酸性侵入岩出露。三叠系浅变质碎屑岩可划分为砂岩组、砂岩夹板岩组、砂板岩互层组、板岩夹砂岩组、板岩组等工程地质岩组。根据初步分类,Ⅱ类围岩占 46.4%,Ⅲ类围岩占 45.3%,Ⅳ类围岩占 8.3%。

4.3.2.5　玛柯河—阿柯河

隧洞区出露的地层岩性主要为三叠系浅变质的砂板岩和第四系松散堆积物,中部肖嘎—曲恰一带出露白垩系财宝山组(K_1c)的玄武质、英安质晶屑凝灰岩,局部有中酸性侵入岩脉出露。三叠系的基岩地层可划分为砂岩夹板岩组、砂板岩互层组、板岩夹砂岩组等工程地质岩组。

隧洞Ⅱ类围岩占 19%,Ⅲ类围岩占 74%,Ⅳ~Ⅴ类围岩占 7%。引水线路进出口边坡整体稳定性较好,没有大的不良地质现象。对于围岩为砂岩岩组、砂岩夹板岩岩组和岩浆岩侵入岩脉且围岩类别为Ⅱ、Ⅲ类的隧洞洞段,当隧洞埋深小于 300 m 时,发生岩爆的可能性较小,300~400 m 时可能发生岩爆,大于 500 m 时有岩爆发生。但由于隧洞围岩多为层状的砂岩和板岩,裂隙较发育,裂隙水普遍存在,其实际发生岩爆的强度可能较前述判别的结果弱。

4.3.2.6　阿柯河—黄河

本段出露三叠系中统扎尕山组、上统杂谷脑组、侏倭组和第四系松散堆积物。隧洞围岩可划分成砂岩夹板岩岩组、砂板岩互层岩组和板岩夹砂岩组,在断层破碎带根据破碎带的结构特征,划分为破碎带岩组。

阿柯河—沃央段明流洞方案中Ⅱ类围岩在该洞段分布总长度 1.81 km,占 26.5%,Ⅲ类围岩在该洞段分布总长度 4.27 km,占 62.5%;Ⅳ~Ⅴ类围岩在该洞段分布总长度 0.75 km,占 11%。沃央—若曲段明流洞方案中Ⅱ类围岩在该洞段分布总长度 3.17 km,占 39%;Ⅲ类围岩在该洞段分布总长度 3.26 km,占 40%;Ⅳ~Ⅴ类围岩在该洞段分布总长度 1.68 km,占 21%。因此,洞段绝大部分为Ⅱ、Ⅲ类围岩,占 79%~83.7%,围岩属基本稳定;Ⅳ~Ⅴ类主要分布在出口段,占 16.3%~21%。

第 5 章　地应力场和岩石变形特征

5.1　地应力场特征

地质历史分析表明,南水北调西线地区位于甘孜—松潘地槽三叠系褶皱带中,中生代以来应力场没有发生实质性的变化。在喜马拉雅运动过程中,随着印度板块与欧亚板块陆壳的顶撞,导致青藏高原隆升,地壳运动有所增强,引起第三纪地层变形,但构造线方向与中生代构造基本相同。现代断裂运动特征及主要地震震源机制解表明,区域现代构造应力场是新构造运动应力场的继承。地壳在现代构造应力场作用下表现出种种不同的行为,或者在地壳中留下某种痕迹,从而提供了间接研究现代构造应力场的资料和依据。

5.1.1　水压致裂法地应力测量

采用水压致裂法对西线工程的有关坝址钻孔和 12 个线路钻孔及 7 个外围钻孔共计24 个测点进行了现场地应力试验(见图 5-1),在选点过程中,考虑到以下几个方面:①线路两侧地区的应力状态;②隧道最大埋深部位的应力状态;③地壳深部岩石的应力状态;④尽量利用现有的勘查孔。测量钻孔位置详见表 5-1。

根据对测试资料的整理及计算分析,确定了各个测段的破裂压力 P_b、裂缝重张压力 P_r、破裂面的瞬时闭合压力 P_s、岩层的岩石孔隙压力 P_0 以及测段岩石的原地抗拉强度 T。根据测得的压力参数及相关公式,得到最大、最小水平主应力值(S_H、S_h)及垂直主应力值 S_v。其中,垂直主应力值是根据水压致裂理论按照上覆岩层的厚度计算得到的。计算中岩石的密度取 2.50 g/cm^3。按照水压致裂应力测量的基本原理,水压致裂所产生的破裂面的走向就是最大主应力方向。

5.1.2　应力解除法地应力测量

应力解除法地应力测量建立在弹性理论的基础上,岩体介质作线弹性体假设,测量时根据被钻进切割的岩心的弹性恢复(应变或变形)来计算地应力。测试系统采用 36 - 2型钻孔变形计。利用 36 - 2 型四分向钢环式钻孔变形计测量岩体内某点的空间应变大小和方向。计算成果见表 5-2。

根据试验成果,第一个断面:σ_1 的方位角为 N70.1°E,倾角 33.4°(仰角),σ_1 倾角与坡度一致,σ_1 应力值稍小于该测点上覆岩层的自重应力;σ_2 实测方位角为 S79.7°E,倾角52.6°(俯角),从方位角和倾角的结果来看基本与 σ_1 方向及坡向相垂直;σ_3 实测方位角为 N9.9°W,基本平行于河流的方向。第二断面:σ_1 的方位角为 S59.3°W,倾角 65.4°(俯角)。σ_2 实测方位角 N2.7°E,倾角 14.1°(俯角),σ_3 实测方位角 N82.1°E,倾角 19.7°(俯角)。在第二断面钻孔约 3 m 处有断层(产状为 0°∠25°)存在,可以看出第二断面 σ_1 的

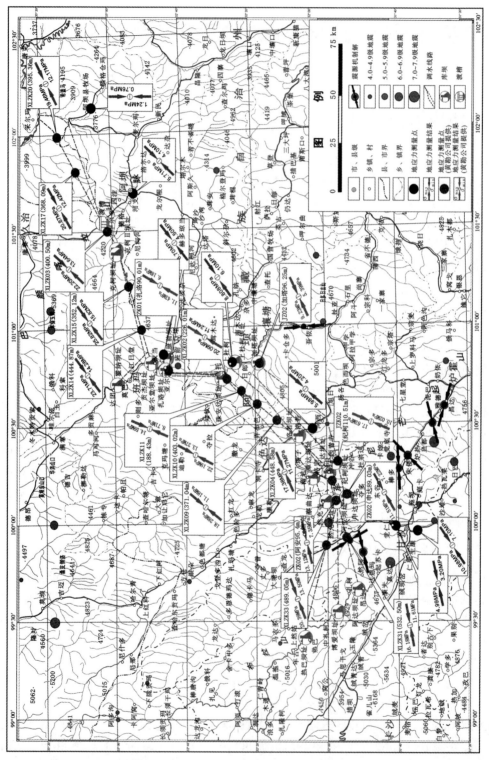

图 5-1　地应力试验钻孔布置

方位角与第一断面 σ_1 的方位角方向基本相反;第二断面 σ_2、σ_3 的方位角与第一断面 σ_2、σ_3 的方位角存在较大的差异,可以初步判断与断层有关,σ_2 和 σ_3 的量值、方位角、倾角均受到断层的牵制。从两个断面的结果来看,最大主应力 σ_1 稍小于或接近于上覆岩体的自重应力。

表5-1　西线第一期工程区水压致裂原地应力测量钻孔位置表

钻孔名称	工程部位	钻孔深度(m)	测试段数
阿坝	阿坝盆地	32.3	4
阿坝县第一牧场	贾曲盆地	31.5	2
甘孜绒岔寺	甘孜盆地	24.9	2
甘孜石门坎	甘孜玉树断裂	27.6	3
色达霍西电站	色达断裂	25.3	3
上杜柯坝址	坝址	32.5	3
亚尔堂坝址	坝址	49.6	3
ZK01(ZL)	扎洛坝址河床孔	79.03~90.81	3
JZ02(JT)	加塔坝址河床孔	64.2~96.25	7
XLZK02	易朗沟线路孔	176.03~226.01	8
JZK02(JK)	纪柯坝址河床孔	21.22~110.5	6
ZK02(SD)	申达坝址河床孔	47.59~89.03	3
ZK02(AN)	阿安坝址河床孔	66.7~95.4	5
XLZK03	阿坝线路孔	84.4~400.5	13
XLZK04	线路孔	270~470	10
XLZK09	线路孔	160~375	12
XLZK10	线路孔	160~375	12
XLZK11	线路孔	111.63~403.02	18
XLZK14	线路孔	28.07~188.43	11
XLZK15	线路孔	235.25~352.16	9
XLZK17	线路孔	313.57~368.09	6
XLZK20	线路孔	345.34~395.36	10
XLZK31	热巴—达曲线路孔	469.75~532.5	3
XLZK33	阿达—达曲线路孔	403.26~489.05	5

表 5-2 西线工程岩体应力解除法地应力测量计算成果

断面编号	应力值(MPa)		方位角	倾角	备注
1#	σ_1	2.80	N70.1°E	仰角 33.4°	$E = 2.15 \times 10^4$ MPa $\mu = 0.20$
	σ_2	1.57	S79.7°E	俯角 52.6°	
	σ_3	0.37	N9.9°W	俯角 14.8°	
2#	σ_1	2.57	S59.3°W	俯角 65.4°	
	σ_2	1.91	N2.7°E	俯角 14.1°	
	σ_3	0.92	N82.1°E	俯角 19.7°	

5.1.3 地应力场特征

5.1.3.1 最大、最小水平主应力随深度的变化关系

5 个坝址(12 个测量孔)和 12 个线路孔的最大水平主应力随深度的变化关系曲线如图 5-2 和图 5-3 所示。由图 5-2 和图 5-3 可知,各个钻孔的最大水平主应力随深度的增加均有增大趋势。结合钻孔的地质资料还可看出,岩体的完整性及岩体的强度对岩体的地应力量值影响较大:岩体完整性好及岩体强度高的测试段,其最大水平主应力量值较大,反之则较小。最小水平主应力也具有类似的变化规律。

5.1.3.2 应力构成分析

图 5-4 和图 5-5 分别为 5 个坝址孔和 12 个线路孔的实测最大水平主应力与垂直主应力比值(侧压系数)随深度的变化曲线。在近地表区域(深度 150 m 以上区域),由于受地形地貌影响较大,加上河(谷)底应力集中相应比较明显,坝址孔的侧压系数普遍偏大且比较分散,如图 5-4 所示。同样地,对于线路孔,近地表区域的侧压系数普遍偏大且比较分散。但是,在深部区域内,地形地貌影响有所减弱,侧压系数随深度的增加明显减小,在 200 m 以下基本维持在 2 左右,如图 5-5 所示。此外,坝址孔和线路孔的侧压系数均大于 1,表明工程场区地应力以水平构造应力为主。

5.1.3.3 线路孔最大水平主应力回归分析

图 5-6 为所测的线路孔最大水平主应力值与岩层深度的回归分析结果,可表示为

$$\sigma_h = 0.0289x + 5.4613 \tag{5-1}$$

式中:x 为深度,m,22.00 m $\leq x \leq$ 532.50 m。

在式(5-1)中,样本数量 $n = 120$,拟合的相关系数 R^2 为 0.7805,表明最大水平主应力随深度呈现良好的线性关系。

5.1.3.4 南水北调西线区域应力场综合分析

为了对工程区应力场有一个全面的认识,将全部实测资料进行整理归纳,并综合分析如下:

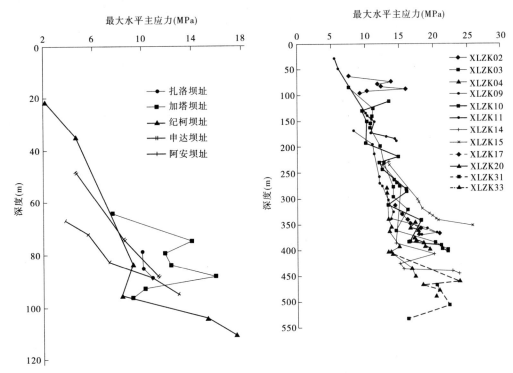

图5-2 坝址孔最大水平主应力随深度变化曲线   图5-3 线路孔最大水平主应力随深度变化曲线

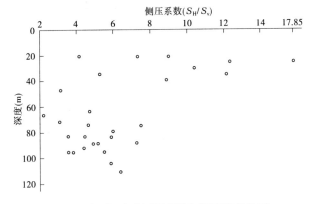

图5-4 坝址孔侧压系数与深度变化关系

（1）现场测试孔的资料均较理想。其压力记录曲线相当标准，破裂压力峰值确切、明显，各个循环重复测量的规律性很强，各个循环测得的压裂参数具有良好的一致性，因此较为可信地确定出了各测点的应力状态。印模结果表明：所有测试孔压裂段产生的裂缝以竖直方向为主，只有在甘孜绒岔寺测点和阿坝测点由于岩层不太完整，测段内发育有原生裂隙，在同一区域应力背景下，地应力大小明显受岩石完整程度、断裂构造的影响而差异较大。同一孔内，较完整孔段地应力值较高，节理、裂隙发育孔段地应力值较低。印模能清楚地观察到，在压裂过程中，压裂曲线破裂压力峰值明显，后续循环重复性较好，这说明原生裂隙的重张及扩展表现不明显，测试结果可靠。

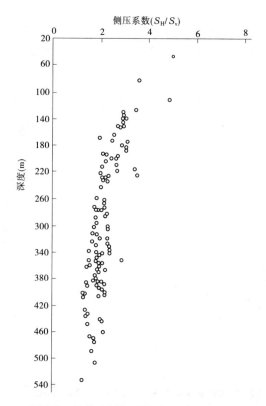

图 5-5　线路孔侧压系数随深度变化曲线

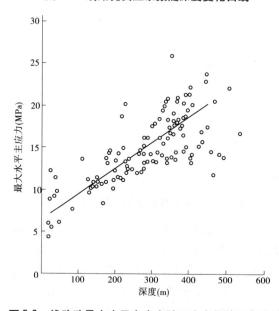

图 5-6　线路孔最大水平主应力随深度变化的回归曲线

（2）工程区应力场以水平主应力为主。按照水压致裂应力测量的基本理论，垂直主应力可以按其上覆岩层的重力进行估算。岩石的平均密度取 2.70 g/cm³，所有测点垂直应力(S_v)为最小主应力,测孔水平地应力值与垂直应力值之比较高,即 $S_H > S_h > S_v$,反映了该区为逆断层型应力状态。

(3)测试结果表明:巴颜喀拉山不仅是工程区地理上的地貌分区界线、长江与黄河水系的分水岭,还是一条重要的新构造分区界线,两侧的地应力状态完全不同,表现为巴颜喀拉山以北地应力值较小,方向偏北;巴颜喀拉山以南明显增大,数值相差 5 ~ 10 倍,方向以北东方向为主。巴颜喀拉山以南地区在上杜柯—亚尔堂地区地应力值明显较大,可能与该区壤塘—阳陪断裂、中壤塘—桑日麻断裂及地震活动有关。另外,甘孜断块位于鲜水河断裂带与甘孜—玉树走滑断裂带雁行斜接复合的拉分盆地和岩桥区,为低应力区,最大主地应力方向偏东,近东西向。以上结果符合本区震源机制解的挤压应力场方向。现今地壳应力场的主压应力方向 NE18.0° ~ NE79.0° 之间,平均为 NE47.6°,与中国地壳应力图反映的区域构造应力场方向相一致。

(4)岩体原地抗张强度。由于水压致裂法可以在同一测段上连续进行多次测量,大量的实测结果表明:初次的破裂循环与其后的重张循环有显著差别,一般情况下,破裂压力(P_b)大于重张压力(P_r)。初次的破裂循环不仅要克服岩石所承受的压应力,而且还要克服岩石本身的抗张强度(T)。而在破裂后的重张循环中,由于破裂面已经形成,要使之重新张开,只需克服作用在破裂面上的地应力,那么,二者之差就是岩石原地抗张强度,即

$$T = P_b - P_r \tag{5-2}$$

总体上讲,水压致裂法所测得的工程区岩体原地抗张强度较实验室实测岩石抗张强度低,一般为 0.20 ~ 10.63 MPa。这主要经历多次构造运动,岩石节理裂隙发育造成的。

(5)从应力与深度的关系看,应力随深度变化有增加的趋势。与国内其他地区测量结果相比:工程区深埋隧道及坝址的上杜柯、亚尔堂地应力水平属中偏高水平。

5.2　岩石基本力学指标

南水北调西线地层的三叠系为一套普遍受浅变质含火山岩屑的类复理石建造,岩性组合较为单一。岩性主要为陡倾角的浅变质砂岩与板岩的不等厚互层,岩石中的原岩结构保存较好。其中,砂岩主要类型有长石石英砂岩、岩屑砂岩、粉砂岩等,板岩主要类型有粉砂质板岩、绢云板岩、钙质板岩和炭质板岩。

5.2.1　岩石的强度特征

5.2.1.1　砂岩的力学性质

岩石的强度对隧洞的掘进和隧洞稳定起着很大的作用。根据西线工程区各比选坝址的钻孔岩芯样的物理力学试验,工程区砂岩一般具有以下强度特征:砂岩单轴干抗压强度试验最大值介于 122 ~ 184 MPa,最小值介于 40.5 ~ 84.8 MPa,平均值介于 80 ~ 124 MPa;单轴饱和抗压强度试验最大值介于 84.7 ~ 174 MPa,最小值介于 40 ~ 68.6 MPa,平均值介于 70 ~ 111 MPa。凝聚力(C)为 5.78 ~ 20 MPa,摩擦角(φ)为 43.5° ~ 60.5°。变形模量一般介于 17 ~ 98.8 GPa。根据各坝址试验结果,工程区新鲜砂岩为坚硬岩。

考虑到在深埋条件下,岩石力学性质的变化,对砂岩在不同温度、围压和孔隙水压力

作用下进行了试验研究。研究结果表明,砂岩的强度随围压增加而增长。在围压为 0 ~ 40 MPa 时,岩石强度与围压成线性关系,40 MPa 以后,强度随围压增长的速率明显降低。砂岩的强度与温度间的关系复杂,低围压时,强度随温度升高而增加,较高围压时,强度随温度升高有降低的趋势。当存在渗透压力时,在相同渗透压力作用下,砂岩的强度受围压控制,表现为围压越大,岩石的强度越高。在相同围压条件下,渗透压力越高,岩石强度越低。砂岩的平均弹性模量随围压变化不大,但与温度有关,不同围压下,高温条件下的弹性模量均高于室温条件下的弹性模量。

5.2.1.2 板岩的力学性质

板岩中以绿泥石、伊利石等黏土类矿物为主,其他矿物为石英、长石等,云母类矿物定向排列构成板岩板理。根据西线工程区各比选坝址的钻孔岩芯样的常规物理力学试验,工程区板岩一般具有以下强度特征:板岩单轴干抗压强度试验最大值介于 49 ~ 118 MPa,最小值介于 23.8 ~ 37 MPa,平均值介于 41.9 ~ 53 MPa;单轴饱和抗压强度试验最大值介于 34.9 ~ 75 MPa,最小值介于 12.7 ~ 25.7 MPa,平均值介于 22.8 ~ 36 MPa,大部分属较软岩或中硬岩。由于板岩板理发育,试验中存在制样困难等因素,因此试验组数相对较少,总体上板岩的力学性质相差较大,以中硬岩和较软岩为主。

由于板岩存在着较为显著的各向异性,对典型板岩样力学性质的各向异性进行了试验研究。研究结果表明,当单轴压缩方向与板理面方向垂直时,抗压强度在 55.53 ~ 93.75 MPa,平均 74.64 MPa;当单轴压缩方向与板理面方向平行时,抗压强度在 78.2 ~ 102.49 MPa,平均 90.35 MPa;当单轴压缩方向与板理面方向斜交时,试样沿板理面方向破坏,抗压强度较小,一般在 30.1 ~ 53.18 MPa。对不同试样的研究结果表明,当压缩方向与板理面夹角在 30° ~ 50°时,其抗压强度最小,以其为中心,压缩方向与板理面夹角向两个方向变化时,板岩的抗压强度逐渐增大,到平行或垂直于板理面时达到最大强度。随着围压的增大,板岩的强度相应增大。另外,板岩的蠕变效果不明显。

5.2.1.3 岩石石英含量及其与岩石强度的关系

对工程区岩石的石英含量规律研究表明,工程区三叠系碎屑岩中硬性矿物成分主要为石英,石英包括单晶石英、多晶石英、硅质岩屑,其矿物成分包括石英、燧石等以 SiO_2 为主要成分的物质,也就是说工程区碎屑岩石的石英包括石英颗粒和硅质胶结物。岩石中石英粒度最大为粗砂级,且小于 2 mm;最小为粒度小于 0.005 mm;主要粒度分布在细砂级,小于 0.25 mm 且大于 0.075 mm 的颗粒占大多数。砂岩中石英含量为 50% ~ 87.5%,平均 74.5%,含量在 50% ~ 75% 的占 31.3%,含量大于 75% 的占 68.7%。板岩中石英含量为 1% ~ 75%,平均 12.7%,含量小于等于 1% 的占 35.8%,含量在 1% ~ 5% 的占 26.8%,含量在 5% ~ 50% 的占 30.3%,含量大于 50% 的占 7.1%。各类岩石中石英含量显示,石英是砂岩中的主要成分,含量大于 50%,主要集中在 65% ~ 85%。石英在板岩中为次要成分,含量变化较大,一般含量低于 5%。

5.2.2 岩体变形特性

试验采用方法为《水利水电工程岩石试验规程》(SL 264—2001)中有关岩体变形试验的刚性承压板法。加压方式采用逐级一次循环加载法。试验采用的最大应力为 3.5

MPa,稳定标准以相对变形小于 5% 控制。为研究岩体各向异性,从受力方向上来分共有两类,即平行岩层层面和垂直岩层层面。从岩性来分共进行了砂岩、板岩和砂板岩互层三种类型。各类岩体变形试验成果见表 5-3。

表 5-3　西线工程各类岩体变形试验成果

岩性	加载方向	变形模量(GPa)		弹性模量(GPa)		平均弹模比
		范围	平均值	范围	平均值	
砂岩	平行岩层层面	2.9 ~ 12.3	7.01	5.3 ~ 89.9	27.02	2.43
	垂直岩层层面	1.6 ~ 11.8	5.39	3.3 ~ 22.7	11.10	
板岩	平行岩层层面	0.5 ~ 7.3	2.54	1.9 ~ 19.2	6.44	3.34
	垂直岩层层面	0.1 ~ 0.9	0.30	0.9 ~ 4.3	1.93	
砂板岩互层	平行岩层层面					
	垂直岩层层面	0.9 ~ 14.2	7.55	2.6 ~ 35.4	19.00	

注:平均弹模比为平行岩层层面弹性模量平均值与垂直岩层层面弹性模量平均值之比。

5.2.2.1　岩体的应力应变关系

试验成果资料反映了随压力增减岩体变形的规律,也揭示了岩体变形参数受岩性、结构面、节理、裂隙、应力等多种因素的制约,即使在同一岩性、同一地质历史条件下,由于不同测试地点的岩体结构面分布的不均一性,呈现出不同的变形规律以及造成变形参数较大的差异。试验从整体上来看,各个试点应力应变关系曲线形状较好,曲线的形式主要为直线型或近似直线型,这主要反映了厚层岩体及平行层面的弹性变形特性,部分则表现为弹塑性变形。从承压板外影响范围测表观测的资料来看,对于较完整的砂岩,影响范围小且规律性好,而对压力方向垂直于板岩层面影响的范围较大,平行板岩层面影响的范围较小,其规律性较差。

5.2.2.2　岩体的各向异性

岩体的各向异性可以借助于岩体在不同方向受荷时弹性模量的变化来研究。本次研究由于受条件所限,仅从平均弹模比来做一简单讨论。目前,对准确定量描述各向异性尚未有统一标准,不过随着弹模比的增大无疑各向异性就更加突出。从试验结果来看,板岩的各向异性比砂岩表现得更加明显,因此在工程设计时,更应注意板岩的各向异性问题。

5.2.3　岩体抗剪强度特性

西线工程区地质条件比较复杂,地层主要为三叠系,多为陡倾岩层,岩石主要为砂岩、板岩以及砂板岩互层,为查明工程区域地层的力学特性,为大坝的抗滑稳定分析提供可靠的科学数据,大型剪切试验所用岩石岩性分别为板岩、砂岩夹板岩、砂岩及砂岩层面四种。

试验方法按照《水利水电工程岩石试验规程》(SL 264—2001)中的有关规定进行。采用平推法进行现场岩体天然含水状态下的快剪试验,推力方向与工程该部位实际受力方向一致。剪切面积为 50 cm × 50 cm,最大法向应力为 1.0 MPa,分 5 级施加。剪应力按预估剪切面的抗剪强度值等分 10 级进行施加,剪切荷载施加采用时间和位移控制。抗剪强度试验成果见表 5-4。

表 5-4　南水北调西线一期工程岩体抗剪试验成果表

岩性	抗剪(峰值)强度		抗剪(残余)强度	
	f	C(MPa)	f	C(MPa)
板岩本身	1.28	0.42	1.03	0.37
砂岩夹板岩	1.56	1.40	1.41	0.60
砂岩本身	1.13	1.74	1.02	0.67
砂岩层面	0.67	0.11	0.59	0.10

从试验结果来看,板岩本身强度较低,受构造作用的影响,板岩较破碎,其破坏强度主要受控于岩体本身强度。砂岩夹板岩剪切面粗糙,最大起伏差 22 cm,一般 10~20 cm,破坏面基本为基岩抗剪断,为塑性破坏。砂岩本身起伏差均较大,基本上是沿裂隙组合结构面破坏的,为塑性破坏。而砂岩夹板岩是岩体本身抗剪断,起主导作用的是岩体本身的强度,因而强度较高。砂岩层面剪切面比较平整,起伏差小,一般为铁质充填,无泥膜,属硬性结构面。

除砂岩层面这组抗剪试验外,其余三组剪切面起伏差大,凝聚力在 0.42~1.74 MPa,说明起伏差对凝聚力起到了很大作用,凝聚力是不可忽视的强度指标。

本次试验所提供的抗剪断指标是剪断过程中的峰值强度,抗剪强度指标是摩擦试验的峰值强度,残余强度指标是剪断以后继续施加剪应力直到剪应力基本不变时的强度。各组试验 $\tau \sim \sigma$ 线性关系较好,试验真实地反映了坝址区岩体的抗剪强度特性。

5.2.4　与 TBM 破岩有关的物理力学指标

与 TBM 破岩有关的物理力学指标主要是单轴抗压强度、抗拉强度、劈裂试验(巴西法)和抗折试验,与岩石磨蚀性质直接相关的 Cerchar 磨蚀试验。另外,还有砂岩的 Schmidt hammer 反弹数 R 和肖氏硬度 D,这两个指标可以协助反映岩石的刚度和强度。

岩石单轴抗压强度试验采用直接压坏试件法。岩石的单轴抗压强度是反映岩石力学特性的重要参数,是指试件在无侧限状态下,在纵向压力作用下出现压缩破坏时,单位面积上所承受的载荷,即试样破坏时的最大载荷与垂直于加载方向的截面积之比。岩石单轴抗压强度按下列公式进行计算

$$R = \frac{P}{A} \tag{5-3}$$

式中:R 为岩石单轴抗压强度,MPa;P 为最大破坏载荷,N;A 为试件截面面积,mm²。

岩石的单轴抗压强度分为自然、烘干和饱和状态下的抗压强度。

岩石的抗拉强度试验采用劈裂法,试样为圆柱体。抗拉强度按下列公式计算

$$\sigma_t = \frac{2P}{\pi DH} \tag{5-4}$$

式中:σ_t 为岩石抗拉强度,MPa;P 为破坏载荷,N;D 为试件直径,mm;H 为试件高度,mm。

主要岩石类型的有关力学性质如表 5-5 所示。

表 5-5　砂岩和板岩力学性质

岩性	单轴抗压强度 R(MPa)	抗拉强度 σ_t(MPa)	抗折强度 R_b(MPa)
砂岩 1	129	9.0(7.6~11.3)	
砂岩 2(北京)	129.3(98~180)	12.1(8.3~16.7)	27.1(25.02~30.64),39.1(32.2~48.3)
砂岩 2(英国)	124(69~162)	20.44(12.65-24.63)	
板岩 1		3.77(3.59~3.94)	
砂岩 3(干)	41.6~177		
砂岩 3(饱和)	20~121		
板岩 2(干)	16.9~55.7		
板岩 2(饱和)	4.71~66.4		

(1)砂岩单轴抗压强度。砂岩 3 的单轴干抗压强度在 41.6~177 MPa,饱和单轴抗压强度为 20~121 MPa,属较坚硬岩和坚硬岩,但在坚硬岩中属中低等。砂岩 2 分别在北京和英国诺丁汉大学各做了一组(4 个试样)单轴抗压强度试验,2 组 8 块试样的单轴抗压强度试验结果,得到略高的平均强度 127 MPa(69~180 MPa)。砂岩 1 的单轴抗压强度为 129 MPa,砂岩 1 还有 2 个试样的三轴压缩试验(其他目的),破坏强度分别为 195.5 MPa($\sigma_3=5$ MPa)和 235.5 MPa($\sigma_3=10$ MPa)。

(2)砂岩抗拉强度。砂岩 1(硅质泥质胶结砂岩)和砂岩 2(钙质胶结砂岩)两种砂岩的抗拉强度均较高:砂岩 1 为平均 9.0 MPa(7.6~11.3 MPa);砂岩 2 做了 2 组抗拉强度试验,第一组平均 12.1 MPa(8.3~16.7 MPa),第二组平均 20.44 MPa(12.65~24.63 MPa)。

(3)砂岩抗折强度。抗折强度试验反映岩石在弯折作用时的抗拉强度,这种试验方法的结果通常比巴西法的强度大 2 倍左右。砂岩 2 总共做了 2 组抗折强度试验,第 1 组试样取自小块岩块,第 2 组试样取自大块岩块。2 组砂岩 2 的平均抗折强度分别为 27.1 MPa(25.02~30.64 MPa)和 39.1MPa(32.2~48.3 MPa),这一结果进一步说明了这种砂岩具有很高的抗拉强度。

(4)板岩单轴抗压强度。板岩的单轴干抗压强度在 16.9~55.7 MPa,饱和单轴抗压强度在 4.71~66.4 MPa,其中,只有 ZK11 的 2 个试样得到很高的干抗压强度(55.7 MPa)和饱和抗压强度(66.4 MPa),其他 3 个钻孔的 3 组试验的干抗压强度都在 39.8 MPa 以下,饱和单轴抗压强度都在 28.7 MPa 以下,基本属较软岩和软岩。

(5)板岩抗拉强度。2 个板岩试样的抗拉强度(巴西法,垂直于板岩板理方向)分别为 3.59 MPa 和 3.94 MPa,平均 3.77 MPa。比砂岩的抗拉强度小得多。

（6）Cerchar 磨损试验及 *CAI* 指数：Cerchar 指数或 Cerchar 磨损指数 *CAI*（Cerchar Abrasiveness Index）反映材料的磨蚀性能，常用于 TBM 施工中的岩石磨损性质评价。用标准金属材料的锥角为 90° 的尖锥，在 7.5 kg 的压力下，在 1 s 内对材料表面刻划 10 mm，根据测量尖锥的磨损程度（磨损平面的尺寸）来计算 Cerchar 指数。Cerchar 指数范围为 0 ~ 6，Cerchar 指数越大，说明其硬度和磨损性质越大。Cerchar 磨损试验设备示意图如图 5-7。

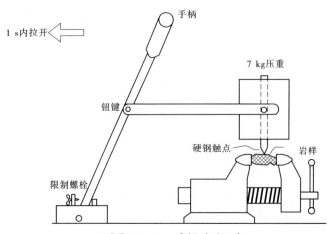

图 5-7　Cerchar 磨损试验设备

表 5-6 和表 5-7 是根据 Cerchar 磨损指数（*CAI*）对岩石磨蚀性质的分类和各种岩石实例。

表 5-8 是西线工程砂岩及北京附近采取的另外 5 种对比岩石的 Cerchar 磨损指数（*CAI*）。本工程砂岩样为来自黄河勘测规划设计有限公司的砂岩 2。灰色砂岩和白色砂岩均为硅质胶结，玄武岩具有杏仁状构造，流纹岩具有定向排列的拉长小气孔，玄武岩和流纹岩都微有风化。本工程砂岩 4 组试样的 Cerchar 指数平均为 1.8（1.7 ~ 2.0），反映为弱磨蚀性。其原因与此类砂岩（砂岩 2）的结构和成分有关：砂岩 2 为基底式胶结，胶结物以钙质为主，胶结物含量达 60% ~ 70%。

（7）Schmidt hammer 反弹数 *R*：Schmidt hammer 是一种便携式的测量材料表面反弹性质的仪器。Schmidt hammer 记录反弹数，*R* 为每组试验 10 个数据的平均值。反弹数 *R* 可以反映岩石的刚度，也可以用来判断岩石的单轴强度。

表 5-6　Cerchar 磨损指数（*CAI*）对岩石磨蚀性质的分类

分类	Cerchar 指数	分类	Cerchar 指数
极为磨蚀	>4.5	中等磨蚀	2.5 ~ 3.5
强磨蚀	4.25 ~ 4.5	弱磨蚀	1.2 ~ 2.5
磨蚀	4.0 ~ 4.25	很弱磨蚀	<1.2
较为磨蚀	3.5 ~ 4.0		

表 5-7　Cerchar 磨损指数（CAI）对应的各种岩石实例

岩石类型	CAI	地点	岩石类型	CAI	地点
页岩	0.9	美国纽约	花岗闪长岩	3.9	美国北加州
页岩	1.1	美国俄亥俄	花岗岩	4.0	瑞典
石灰岩	1.1	美国伊利诺伊斯	闪长岩	4.1	美国北加州
Barea 砂岩	1.2	美国俄亥俄	片麻岩	4.1	美国佐治亚
Indiana 石灰岩	1.3	美国印第安纳	石英片麻岩	4.3	美国佐治亚
千枚岩	1.3	挪威	石英岩	4.3	东非
云母片岩	2.2	美国华盛顿	片麻岩	4.4	挪威
安山岩	2.3	美国亚利桑那	砂岩	4.7	美国肯塔基
石英闪长岩	3.2	挪威	石英片麻岩	4.8	挪威
红砂岩	3.6	美国肯塔基	花岗片麻岩	4.8	挪威
角闪岩	3.6	挪威	云母片岩	5.3	美国纽约
辉长岩	3.7	挪威	石英岩	5.9	挪威

表 5-8　西线工程砂岩及另外 5 种对比岩石的 Cerchar 磨损指数（CAI）

岩石类型	西线工程砂岩	灰色砂岩	白色砂岩	玄武岩	流纹岩	大理岩
Cerchar 磨损指数（CAI）	1.8(1.7~2.0)	3.5	3.7	1.1	1.9	0.9

　　表 5-9 是根据 Schmidt hammer 反弹数 R 对岩石强度的分类，表 5-10 是西线工程砂岩及另外 5 种对比岩石的 Schmidt hammer 反弹数 R。除大理岩外，其他 5 种岩石的 Schmidt hammer 回弹数 R 都比较大。包括本工程砂岩在内的 3 种砂岩及玄武岩的 R 值在 59~64 之间，流纹岩的 R 值稍小，可能是其流纹构造中的微气孔造成的。Schmidt hammer 试验结果反映出本工程砂岩具有很高的刚性和强度，仅次于以玄武岩和花岗岩等岩浆岩为代表的最强的岩石。

表 5-9　根据 Schmidt hammer 反弹数 R 对岩石强度的分类

Schmidt hammer 回弹数 R	<10	10~20	20~40	40~50	50~60	>60
岩石强度	软弱	中弱	中强	强	很强	极强

表 5-10　西线工程砂岩及另外 5 种对比岩石的 Schmidt hammer 反弹数 R

岩石类型	本工程砂岩	灰色砂岩	白色砂岩	玄武岩	流纹岩	大理岩
Schmidt hammer 回弹数 R	59	64	59	62	54	46

　　(8)肖氏硬度 D。肖氏硬度（Shore Hardness）D 用 Durometer 仪器来测试。其反映材

料抗压入的能力、材料的塑性特性。其数值在 0 ~ 100 之间。数值越大说明其抗压入的能力越强。试验结果见表 5-11。西线工程砂岩肖氏硬度值为 45,其抗压入能力为中等。肖氏硬度与材料的强度或者抗磨蚀能力之间没有好的对应关系。

根据以上试验,结合前面的力学性质试验结果,反映本工程砂岩(砂岩 2)具有较高的强度和刚度,但是抗磨蚀性并不强。

表 5-11　西线工程砂岩及另外 5 种对比岩石的肖氏硬度 D

岩石类型	西线工程砂岩	灰色砂岩	白色砂岩	玄武岩	流纹岩	大理岩
肖氏硬度 D	45	52	56	32	47	19

5.3　工程区岩石强度特征分区

南水北调西线工程区主要地层为三叠系中、上统由老至新共划分为以下 8 个组。扎尕山组(T_2zg)岩性以薄—中厚层砂岩与板岩不等厚互层为主。杂谷脑组(T_3z)岩性以中厚—厚层状砂岩夹板岩为主。侏倭组(T_3zw)岩性以灰色薄—厚层状砂岩与板岩不等厚韵律互层为主。新都桥组(T_3xd)岩性以板岩夹薄层、少量中层砂岩为主。如年各组(T_3rn)为具混杂堆积成因的基性火山熔岩、火山碎屑岩、硅质岩、灰岩、板岩组合。格底村组(T_3gd)岩性主要为砾岩。两河口组(T_3lh)岩性特征为砂岩、板岩的韵律互层。雅江组(T_3y)板岩与砂岩互层。其中,扎尕山组(T_2zg)、杂谷脑组(T_3z)、侏倭组(T_3zw)和两河口组(T_3lh)占据了线路区的绝大部分。

工程区岩性总体为砂板岩不等厚互层分布,由于复式褶皱发育,几乎不可能将砂岩与板岩完全分开,因此根据地层中砂板岩所占的比例不同,参照岩性组合、岩层厚度、结构特征,将线路区主要出露的三叠系地层划分为砂岩组(s)、砂岩夹板岩组(s + b)、砂板岩互层组(s∥b)、板岩夹砂岩组(b + s)、板岩组(b)等工程地质岩组(见表 5-12)。各工程地质岩组中砂岩组(s)和板岩组(b)分布较少,杂谷脑组(T_3z)地层中以砂岩夹板岩组(s + b)为主,扎尕山组(T_2zg)、两河口组(T_3lh)和侏倭组(T_3zw)地层中以砂板岩互层组(s∥b)为主,新都桥组(T_3xd)地层中以板岩夹砂岩组(b + s)为主。破碎岩组仅在断层带中出现。

根据西线工程区各比选坝址的钻孔岩芯样的物理力学试验,不同地层中砂岩的单轴抗压强度差别不大,单轴饱和抗压强度均值一般大于 70 MPa;板岩除新都桥组(T_3xd)中试验指标较少外,其他各组地层中板岩的饱和抗压强度也差别不大(见表 5-13)。因此,工程地质岩组的岩石强度特征是由砂岩与板岩的比例所决定的,根据砂板岩比例,对其强度进行加权赋值,各工程地质岩组的岩体综合饱和单轴抗压强度见表 5-14。

表 5-12 工程区主要工程地质岩组划分

岩组名称	代号	岩性特征	层厚度特征	岩体结构特征	砂板岩比例	主要代表地层
砂岩组	s	基本上全为砂岩，局部夹极少量板岩	砂岩以厚层、巨厚层为主，部分为中厚层；板岩主要为极薄层	次块状结构、厚层状结构	≥8∶1	
砂岩夹板岩组	s+b	以砂岩为主，夹少量板岩	砂岩以中厚层、厚层为主；板岩主要为薄层、极薄层	厚层状结构	8∶1~3∶1	杂谷脑组（T₃z）
砂板岩互层组	s//b	砂岩、板岩间互出现	砂岩以中厚层为主，板岩主要为薄层	互层状结构	3∶1~1∶3	扎尕山组（T₂zg）、两河口组（T₃lh）、侏倭组（T₃zw）
板岩夹砂岩组	b+s	以板岩为主，夹少量砂岩	砂岩以薄层、中厚层为主，板岩主要为薄层	薄层状结构	1∶3~1∶8	新都桥组（T₃xd）
板岩组	b	基本上全为板岩，局部夹极少量砂岩	砂岩以薄层为主，板岩主要为薄层	薄层状结构	≤1∶8	
破碎岩组		受断层、褶皱作用形成破碎岩体	节理裂隙发育，岩体成碎裂或散体状	碎裂结构或散体结构		断层破碎带

表 5-13 引水线路区各地层岩石单轴抗压强度对比

类型	单轴抗压强度	状态	杂谷脑组（T₃z）	扎尕山组（T₂zg）	两河口组（T₃lh）	侏倭组（T₃zw）	新都桥组（T₃xd）
砂岩	最大值范围（MPa）	干	127~167	135~184	149~155	124~164	122~140
		饱和	109~142	132~174	117~126	114~146	84.7~94
	平均值范围（MPa）	干	93~124	98~114	104~117	80~117	89.4~92
		饱和	73~78	76~111	72~102	69.6~107	70~73.9
	最小值范围（MPa）	干	47.2~108	58~78	50.7~84.8	40.5~73	68.7~69
		饱和	42.1~56	55~66	41.6~58.8	40~64.6	56~68.6
板岩	最大值范围（MPa）	干	50.1~78.8	118	55.9	49~94.1	
		饱和	35~49.8	75	34.9	43.5~52	
	平均值范围（MPa）	干	41.9~51.7	53	44.6	43~46.9	
		饱和	30~32.3	32	22.8	28.3~36	
	最小值范围（MPa）	干	23.8~32.4	30	36.8	28.5~37	
		饱和	12.6~25.7	13	12.7	15.7~25	

表 5-14　工程区主要工程地质岩组综合饱和单轴抗压强度

岩组名称	代号	层厚度特征	砂板岩比例	综合饱和单轴抗压强度（MPa）	主要代表地层
砂岩夹板岩组	s + b	砂岩以中厚层、厚层为主，板岩主要为薄层、极薄层	8:1 ~ 3:1	70 ~ 90	杂谷脑组（T_3z）
砂板岩互层组	s//b	砂岩以中厚层为主，板岩主要为薄层	3:1 ~ 1:3	60 ~ 80	扎尕山组（T_2zg）、两河口组（T_3lh）、侏倭组（T_3zw）
板岩夹砂岩组	b + s	砂岩以薄层、中厚层为主，板岩主要为薄层	1:3 ~ 1:8	30 ~ 40	新都桥组（T_3xd）

当刀具在推力作用下，岩石所受应力大于其抗压强度，岩石破碎、剥落。根据 TBM 施工经验，TBM 的掘进速度与岩石单轴抗压强度成正比，因此根据南水北调西线岩石强度特征，将各工程地质岩组分为非常利于 TBM 掘进的岩组、比较利于 TBM 掘进的岩组和不利于 TBM 掘进的岩组三类。其中，板岩夹砂岩组（b + s）以板岩为主，砂板比 1:3 ~ 1:8，综合饱和单轴抗压强度 30 ~ 40 MPa，非常利于 TBM 掘进，代表性地层为新都桥组（T_3xd）；砂板岩互层组（s//b）砂板比 3:1 ~ 1:3，综合饱和单轴抗压强度 60 ~ 80 MPa，利于 TBM 掘进，代表性地层为扎尕山组（T_2zg）、两河口组（T_3lh）、侏倭组（T_3zw）；砂岩夹板岩组（s + b）砂板比 8:1 ~ 3:1，综合饱和单轴抗压强度 70 ~ 90 MPa，不利于 TBM 掘进，代表性地层为杂谷脑组（T_3z）。

5.4　围岩变形特征

围岩变形破坏的严重程度一方面取决于原岩的应力状态，另一方面取决于围岩岩体的结构和力学特征。西线隧洞区围岩主要为较坚硬的砂岩和较软的板岩组成的韵律层，隧洞围岩的变形破坏形式以塑性挤出、膨胀内鼓、坍塌为主，在局部以砂岩为主（s + b）的地段以劈裂、剥落、岩爆等形式出现。因此，围岩岩体变形量的大小成为影响施工方法和施工安全的一个重要因素。

在围岩变形计算中，关键问题是确定岩体力学参数。岩体力学参数确定方法大体可分为三种：①根据试验资料确定；②经验类比法；③理论分析法。西线构造复杂，结构面发育，对于隧洞区节理岩体，国内外广泛应用的 Hoek – Brown 准则提出的地质强度指标（*GSI*）经验方法成为目前西线确定节理岩体抗剪强度指标的一种重要方法。围岩变形分析计算中，在 T 系统和 RMR 系统的基础上，利用虎克 – 布朗（Hoek – Brown）有关理论进行变形预测及分析。

5.4.1　岩体强度和变形性质的计算原理及参数取值

采用虎克 - 布朗(Hoek - Brown)判据,基于地质强度指标(GSI)方法,评价节理岩体的强度和变形性质。节理岩体的 Hoek - Brown 破坏判据可表达为

$$\sigma_1' = \sigma_3' + \sigma_{ci}\left(m_b\frac{\sigma_3'}{\sigma_{ci}} + s\right)^a \tag{5-5}$$

式中: σ_1'、σ_3' 分别为破坏时的最大、最小有效应力; m_b 为岩体 Hoek - Brown 常数; s、a 为岩体特征参数; σ_{ci} 为完整岩石的饱和单轴抗压强度。

为了利用上述判据评价岩体的强度和变形性质,需要对完整岩石的饱和单轴抗压强度 σ_{ci}、岩石的虎克 - 布朗(Hoek - Brown)常数 m_i 以及岩体的地质强度指标 GSI 作出估计。根据这 3 个参数,利用虎克 - 布朗的有关公式,可确定岩体的抗剪强度、变形模量等基本参数。

隧洞区岩体为复理石岩体,对于不同工程地质岩组,砂岩和板岩交互出现,因此岩石的饱和单轴抗压强度 σ_{ci}、岩石的虎克 - 布朗(Hoek - Brown)常数 m_i 取值对于计算结果影响较大;在计算中为了较准确地计算其强度,采用各岩组内砂岩和板岩的权值来确定 σ_{ci} 和 m_i。各岩组岩石的饱和单轴抗压强度 σ_{ci} 取值见表 5-15; m_b 根据 Hoek 提出的按岩组划分的完整岩体 m_i 参考表,砂岩取 17,板岩取 7,各岩组根据权值不同取值(见表 5-15)。

GSI 为岩体的地质强度指标(Hoek,1995),是一种评价在不同地质条件下岩体强度降低的方法,GSI 值根据岩体分类中的 RMR 值和 Hoek 提出的对复理层岩体 GSI 取值表联合确定(见表 5-15)。

5.4.2　计算结果及分析

根据 Hoek 计算方法,假设隧洞位于一个原位应力场中,不考虑任何支护措施及开挖扰动带的影响,对总径向位移进行计算。假设半径为 r_0 的圆形隧道受到原位应力 P_0 的作用,当隧洞衬砌的内部压力小于临界支护压力 P_{cr} 时,围岩将出现破坏,P_{cr} 可以由下式确定

$$P_{cr} = (2P_0 - \sigma_{cm})/(1 + k) \tag{5-6}$$

式中: σ_{cm} 为岩体抗压强度,MPa,可由 σ_{ci}、m_i、GSI 计算得到; $k = (1 + \sin\varphi)/(1 - \cos\varphi)$, φ 为内摩擦角。

当内部支护压力 P_i 小于临界支护压力 P_{cr} 时,将发生破坏,围绕洞室的塑性区的半径 r_p 由下式给出

$$r_p = r_0\left\{\frac{2 - [P_0(k - 1) + \sigma_{cm}]}{(1 + k)[(k - 1)P_i + \sigma_{cm}]}\right\}^{\frac{1}{(k-1)}} \tag{5-7}$$

式中: r_0 为隧洞半径,m,计算中按 4.5 m 计算。

表 5-15　隧洞各岩组岩体抗剪强度和变形模量计算结果

岩组	隧洞埋深(m)	计算参数			强度和变形计算结果				
		σ_{ci} (MPa)	常数 m_i	GSI	岩体常数 m_b	岩体常数 s	黏聚力 C(MPa)	内摩擦角 φ(°)	变形模量 E_m(MPa)
s+b	500	75	15	40~45	1.890	0.0016	1.800	40.9	5 465
	1 000	75	15	40~45	1.890	0.0016	2.740	35.4	5 465
s//b	400	60	12	36~40	1.311	0.0010	1.230	37.8	3 880
	600	60	12	36~40	1.311	0.0010	1.580	34.6	3 880
	800	60	12	36~40	1.311	0.0010	1.890	32.4	3 880
b+s	300	30	10	25~35	0.764	0.0030	0.660	32.2	1 780
	500	30	10	25~35	0.764	0.0030	0.910	28.4	1 780
	650	30	10	25~35	0.764	0.0030	1.070	26.6	1 780
影响带	200	20~50	11	20~25	0.498	0.0001	0.380	30.2	1 060
	350	20~50	11	22	0.498	0.0001	0.536	26.3	1 060
	450	20~50	11	22	0.498	0.0001	0.627	24.6	1 060
破碎带(阿坝)	50	25	9	12~20	0.309	4.03×10^{-5}	0.097	32.1	600
	100	25	9	15	0.309	4.03×10^{-5}	0.152	27.4	600
	150	25	9	15	0.309	4.03×10^{-5}	0.200	24.8	600
	200	25	9	15	0.309	4.03×10^{-5}	0.237	23.0	600

对于塑性破坏,隧洞边墙内总的径向位移为

$$u_i = \frac{r_0(1+\mu)}{E}\left[2(1-\mu)(P_0-P_{cr})\left(\frac{r_p}{r_0}\right)^2 - (1-2\mu)(P_0-P_i)\right] \quad (5-8)$$

式中:u_i 为隧洞边墙内向的总的径向位移,mm;μ 为岩体泊松比;E 为岩体变形模量,MPa。

根据计算的强度和变形模量,计算出不同深度处隧洞的径向位移,结果如表 5-16 所示。围岩变形应变分类与各类岩土工程地质问题见表 5-17。

对于一般隧洞岩体来说,砂岩夹板岩岩组和砂板岩互层岩组径向位移较小,基本上无挤压变形,对施工没有影响。但对于板岩夹砂岩岩组,当深度超过 650 m 时,将会出现严重的挤压变形,对施工将会造成一定的影响。以阿坝断层带为例,当在影响带内隧洞埋深超过 350 m,在断层破碎带内隧洞埋深超过 150 m 时,可能会出现严重的挤压变形问题。

根据围岩变形计算及分类,西线隧洞 Ⅱ 类围岩基本为砂岩夹板岩岩组,最大埋深 1 100 m,大部分洞段为 300~800 m,基本无挤压变形,1 100 m 时应变为 1.1%,属于轻微挤压变形;Ⅲ 类围岩,以 s//b 为主,局部(s+b)或(b+s)岩组,埋深在 300~800 m,基本属于轻微挤压变形,Ⅳ~Ⅴ 洞段存在严重挤压变形问题。根据前面围岩分类结果,初步估计 10%~15% 的洞段可能存在严重挤压变形问题。

表 5-16　隧洞围岩岩体变形计算

岩组	隧洞埋深(m)	最大径向(mm)	最大塑性圈(m)	应变(%)
s + b	500	18	3.13	0.40
	1 000	51	7.62	1.10
s // b	400	24	3.02	0.50
	600	44	5.40	0.97
	800	70	7.98	1.50
b + s	300	58	2.94	1.20
	500	144	5.75	3.20
	650	242	7.72	5.30
影响带 (阿坝断层带)	200	79	2.11	1.70
	350	229	4.30	5.09
	450	387	5.87	8.60
破碎带 (阿坝断层带)	50	30	0.49	0.70
	100	105	1.19	2.30
	150	237	1.97	5.30
	200	447	2.47	9.90

表 5-17　围岩变形应变分类

类型	应变(%)	岩土工程地质问题	支护类型
A	<1.0	很少有稳定问题。基于岩体分类的隧洞支护建议可为设计提供充分的基础	无挤压变形,隧洞掘进条件简单,用于支护的典型方案是锚杆和喷混凝土
B	1.0~2.5	用收敛限制方法预测隧洞洞周"塑性带"的形成以及不同支护类型与塑性带形成之间的相互作用	轻微的挤压变形,一般可用锚杆和喷混凝土进行支护,有时用轻型钢架支护或钢构架增加安全度
C	2.5~5.0	综合考虑了支护类型和开挖次序的两维有限元分析方法,通常用于对这类问题的分析。一般来说,掌子面稳定不是一个主要的问题	严重的挤压变形,要求快速安装支护,并要对施工质量严格控制。一般来说,需要埋置于喷混凝土的重型钢架的支护
D	5.0~10.0	掌子面稳定问题主导着隧洞的设计,有时需要对超前支护的效果和掌子面的加固作出判断	严重的挤压变形问题和掌子面稳定问题。通常需要超前支护以及在掌子面加固中使用埋置钢构架的喷混凝土
E	>10.0	严重的掌子面稳定问题以及隧洞的挤压变形问题	严重挤压变形问题。一般安装超前支护和对掌子面进行加固,在极端情况下也许需要屈服(柔性)支护

注:表 5-17 中应变为最大径向位移与隧洞半径的百分比。

　　在岩体强度计算中,岩体地质强度指标(*GSI*)是重要指标,本次在岩体分类基础上,结合复理层 *GSI* 取值表,有效地避免了人为因素,计算的强度指标与经验值有一定差别,但地质强度指标法重点考虑了岩体在地下工程中的特性,因而更符合实际情况。最大径向位移的计算中,原位应力是影响计算结果的一个重要因素,从目前取得的地应力实测值分析,其值可能偏低,与实际情况有一定差别,但实测值偏少,在目前条件下,采用垂直应力计算。径向位移计算时,其计算结果可以作为对一般隧洞围岩进行变形分析的依据。

第6章　岩石类型和石英含量规律研究

6.1　岩石类型及特征

西线工程区岩石类型属正常沉积的陆缘碎屑岩,部分具有浅变质改造特点。根据碎屑颗粒的大小,将碎屑岩分为三类:

(1)粗碎屑岩——砾岩、角砾岩。碎屑颗粒直径在 2 mm 以上。

(2)中碎屑岩——砂岩。碎屑颗粒直径为 2～0.062 5 mm。

(3)细碎屑岩——粉砂岩。碎屑颗粒直径为 0.062 5～0.003 9 mm。

依照上述分类方案,工程区发育的碎屑岩及受浅变质改造的碎屑岩按其主要碎屑颗粒直径分有砂岩和粉砂岩两类。对颗粒直径小于 0.003 9 mm,且以黏土矿物(习称泥质)为主组成的原岩,归入泥质岩类。

部分岩石(包括砂岩、粉砂岩和泥质岩类)受后期变质改造比较明显,故在岩石定名时,将岩石中矿物的变质重结晶和变质结晶程度达到 50% 及以上者归入浅变质改造的类型。考虑到岩石特征分析和研究的目的,对碎屑岩中的相应岩石按其原岩特征归入相当的岩石类型中,在其原岩名称中加入"变"字以示区别。泥质岩类普遍变质程度较高,其原岩结构、构造等特征残留不清,故该类岩石按变质岩分类属板岩类。

因此,西线工程区的岩石类型分属砂岩(含变砂岩)、粉砂岩(含变粉砂岩)和板岩三类。

6.1.1　样品测试工作

现场取岩石原样 124 件(块),全部样品如表6-1所示,完成实物工作量如表6-2所示。

(1)对 114 块岩石和 10 块砾石样品进行岩石薄片鉴定,鉴定内容不少于以下几个方面:标本的肉眼观察、显微镜观察(结构、构造、颗粒大小、胶结类型、矿物成分及含量、岩石在显微镜下的描述等)、详细命名。

(2)对 114 块岩石和 10 块砾石样品进行粒度分析,每个样品按石英碎屑、长石碎屑分别统计粒度含量,统计矿物颗粒数量 300～500 粒/片,完成碎屑不同粒级粒度含量的统计分布曲线;再按样品的岩性和采样区域划分,分别统计石英、长石的粒度含量和不同粒级粒度含量并作粒度分布图,找出石英含量规律。

(3)试验按国家或行业现行规范有效版本进行,按 3 条河流不同岩性分别统计石英、长石的粒度含量和不同粒级粒度含量并作粒度分布图。

6.1.1.1　碎屑颗粒测定

对于碎屑颗粒测定,原来每个颗粒测量两轴的问题,按国内通行的碎屑粒度分析的方法,这里均只测定长轴。原因是自然界岩石中陆缘碎屑分布是随机的,对岩石进行破碎或钻进的过程中遇到的碎屑主要受碎屑长轴的影响,换言之,碎屑对钻具的影响应该考虑的因素是碎屑长径。因此,只测定碎屑长轴。

表6-1　原始样品登记表

河流名称	坝址名称	样品编号	样品数量(块)	岩石野外定名
杜柯河	加塔	J1 ~ J10	10	砂岩
		T1 ~ T10	10	板岩
	上杜柯	D1 ~ D9	9	板岩
		S1 ~ S10	10	砂岩
	易朗沟	Y1 ~ Y15	15	板岩
玛柯河	班前	B1 ~ B10	10	砂岩
	扎洛	Z1 ~ Z10	10	砂岩
		L1 ~ L10	10	板岩
	玛尔沟	M1 ~ M15	15	板岩
泥曲	仁达	N1 ~ N15	15	砂岩
	马留子	K01 - 1,K01 - 2	2	板岩
		K03 - 1 ~ K03 - 3	3	板岩
	陈洛	K02 - 1 ~ K02 - 3	3	板岩
		K03 - 1c,K03 - 2c	2	板岩

表6-2　完成实物工作量

序号	项目	单位	数量	备注
1	岩石制片	片	124	每个岩石原样磨制薄片1片
2	详细岩矿鉴定	件	124	
3	碎屑粒度统计分析	件	200	其中玛柯河64件,杜柯河87件,泥曲49件
4	按河流(流域)统计粒度分析	条	3	按玛柯河、杜柯河、泥曲3条河流分别统计
5	岩石薄片显微数码照片	张	124	数据格式保存(光盘)
6	综合统计分析报告	份	1	

6.1.1.2　求取两种碎屑的面积百分比及重量百分比

按岩矿鉴定学常规,显微镜鉴定所确定的碎屑含量实际上就是薄片中碎屑的面积百分比,但由于碎屑在岩石中的随机分布特点及自然界岩石中陆缘碎屑近于等轴的特性,因此岩矿鉴定成果应用中都默认为碎屑的体积百分比。

6.1.2　砂岩及变砂岩类

砂岩及变砂岩采用碎屑粒度和成分两个方面的组成特征进行综合分类。

6.1.2.1　分类依据和方案

砂岩及变砂岩的分类依据如下：

(1)首先按碎屑颗粒(即砂粒)的粒度大小将砂岩分为以下四种类型。

①巨粒砂岩：砂粒直径 2 ~ 1 mm，即 -1ϕ ~ 0ϕ；

②粗粒砂岩：砂粒直径 1 ~ 0.5 mm，即 0ϕ ~ 1ϕ；

③中粒砂岩：砂粒直径 0.5 ~ 0.25 mm，即 1ϕ ~ 2ϕ；

④细粒砂岩：砂粒直径 0.25 ~ 0.062 5 mm，即 2ϕ ~ 4ϕ。

当主要碎屑的粒度介于某两种类型之间时采用过渡类型，如粒度在 0.3 ~ 0.1 mm 范围内时，为中细粒砂岩。

(2)按四端元成分分类法进一步划分岩石类型。四端元成分为三种碎屑成分和杂基(填隙物)，三种碎屑成分为石英、长石、岩屑；杂基成分主要为泥质，也常有钙质、硅质和铁质等胶结物。

在四端元分类中(见图 6-1)，首先，根据岩石中杂基的百分含量分为两类：杂砂岩(杂基含量 >15%)、净砂岩(习惯上简称为砂岩)，杂基含量 ≤ 15%。然后，根据碎屑成分——石英、长石和岩屑的相对百分含量划分出不同的类型。

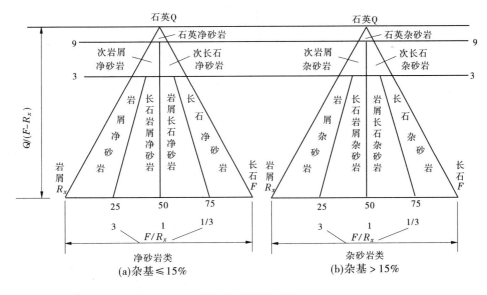

图 6-1　砂岩分类图

(3)岩石中碎屑矿物和杂基成分受变质改造而产生变质重结晶和变质结晶，当其程度(以矿物重结晶和变质结晶的百分量为度量依据)达到 50% 及以上时，在经上述分类步骤确定的砂岩类型名称前加上"变"字，以此表明其改造程度和特征。

西线工程区内某砂岩样品通过上述步骤划分后的岩石类型名称即为该样品的岩石

名称。

6.1.2.2　岩石类型

按照前述砂岩的分类依据、方案和步骤,将区内的砂岩分为石英砂岩和杂砂岩两大类,进一步细分为42种类型,并且以三个流域分别归纳(见表6-3～表6-5)。

表6-3　玛柯河样品岩石类型及名称

样品号	岩石类型		岩石名称	备注
B4	砂岩	石英砂岩	泥质长石石英细砂岩	9件
B1			泥质岩屑石英细砂岩	
B10			泥质含长石岩屑石英细砂岩	
B8,Z2			硅泥质含长石石英细砂岩	
Z4			硅泥质含岩屑长石石英细砂岩	
Z3			硅泥质含岩屑长石石英中细粒砂岩	
Z9			硅泥质含长石中细粒石英砂岩	
Z10			硅泥质含长石石英细砂岩	
B6,Z1,B9		杂砂岩	硅泥质细粒石英杂砂岩	9件
Z8			变硅泥质中细粒石英杂砂岩	
Z6			硅泥质长石石英细粒杂砂岩	
Z5			硅泥质含长石岩屑石英中细粒杂砂岩	
Z7			硅泥质长石岩屑细粒杂砂岩	
B2			泥质细砂质岩屑杂砂岩	
B7			泥质粉砂质细岩屑杂砂岩	
L4	粉砂岩		碳酸盐化板状石英粉砂岩	1件
B3,B5	板岩(页岩)	粉砂质板岩	黑色粉砂质板岩	6件
L1			细粉砂质页岩—黑色板岩互层	
L7,L5,L6			黑色含粉砂质板岩	
L3,M3,M4,M5,M6,M7,M8,M9,M10,M11,M12,M13,M14,M15		板岩	黑色板岩	20件
L2			黑色板岩夹粉砂质页岩	
L8			黑色板岩—粉砂质页岩互层	
L9,L10,M2			黑色板岩夹(薄层)粉砂质页岩	
M1			黑色含碳质板岩	

表6-4 杜柯河样品岩石类型及名称

样品号	岩石类型		岩石名称	备注
J9	砂岩	石英砂岩	钙质石英细砂岩	14件
J10,J8			硅质石英细砂岩	
Y12			泥质石英细砂岩	
J6			硅泥质长石石英细砂岩	
J7			硅泥质中细粒岩屑石英砂岩	
S9			泥质长石石英细砂岩	
S10			泥质岩屑石英细砂岩	
S8			泥质含长石岩屑石英细砂岩	
J4,J5			泥质中细粒岩屑石英砂岩	
S3			泥质粉砂质石英细砂岩	
Y14			碳酸盐化石英细砂岩	
J3			泥质含长石中细粒岩屑石英砂岩	
D9		杂砂岩	变石英粉砂质杂砂岩	7件
S1			泥质中细粒长石石英杂砂岩	
S5			硅泥质细粒岩屑石英杂砂岩	
S6			泥质粉砂质细粒长石石英杂砂岩	
S4			泥质粉砂质细粒岩屑石英杂砂岩	
T6			钙泥质粉砂质细粒石英杂砂岩	
Y7			碳酸盐化细砂质石英粉砂杂砂岩	
T4	粉砂岩		黑色泥质石英粉砂岩	4件
J1			泥质岩屑石英砂质粉砂岩	
J2			变泥质岩屑石英细砂质粉砂岩	
T9			含泥质石英粉砂岩夹黑色板岩	
Y4,Y5	板岩(页岩)	(粉)砂质板岩	黑色砂质板岩	10件
D2			黑色粉砂质板岩	
Y2			碳酸盐化粉砂质黑色板岩	
D3,Y6,Y9			黑色含粉砂质板岩	
Y8			碳酸盐化含粉砂黑色板岩	
S2			粉砂质板岩—泥质细砂岩屑石英粉砂岩	
S7			粉砂质泥板岩	
D1,D4,D6,D8,T3,T7,T8,T10,Y11,Y15		板岩	黑色板岩	19件
Y1,Y3,Y10,Y13			碳酸盐化黑色板岩	
T5			黑色斑点板岩	
D5			黑色板岩夹钙质石英粉砂岩	
D7			黑色板岩夹变粉砂质石英杂砂岩	
T1			黑色板岩夹薄层石英砂岩杂砂岩	
T2			板岩夹变钙泥质石英粉砂杂砂岩	

表 6-5 泥曲样品岩石类型及名称

样品号	岩石类型		岩石名称	备注
K01 - 1	砂岩	石英砂岩	硅质石英细砂岩	15 件
K01 - 2,K03 - 2c			泥质岩屑石英细砂岩	
K03 - 2,N9,N14			钙质石英细砂岩	
N6,N8			钙质中细粒石英砂岩	
K02 - 3			中细粒泥质长石岩屑石英砂岩	
K03 - 3			碳酸盐化泥质石英细砂岩	
K02 - 1			碳酸盐化泥质岩屑石英细砂岩	
K03 - 1c			变泥质石英细砂岩	
N3			钙泥质石英细砂岩	
N10			变钙泥质粉砂质石英细砂岩	
N4			钙泥质中细粒石英砂岩	
K02 - 2		杂砂岩	细粒石英杂砂岩	7 件
N2			钙质细粒石英杂砂岩	
N5			钙质中细粒石英杂砂岩	
N11,N12,N13			钙质粉砂质细粒石英杂砂岩	
N15			钙质石英粉砂杂砂岩	
K03 - 1	粉砂岩		片理化变泥质石英粉砂岩	2 件
N1			钙质石英细砂质粉砂岩	
N7	板岩(页岩)		黑色板岩	1 件

1)石英砂岩

石英砂岩是本区最为常见的一种岩石类型。按前述分类方案共分为 24 种,其中变质的有 2 种;按流域分岩石的种类为杜柯河 12 种,玛柯河 8 种,泥曲 11 种(含变质的 2 种)。

岩石中石英砂屑(含单晶、多晶石英及硅质岩屑)含量占碎屑总量的 90% 或以上,砂屑粒度以细粒为主,少部分向中粒过渡;常见有少量的长石、岩屑等。砂屑磨圆度、分选性好,成分成熟度和结构成熟度高,反映出远源稳定的沉积特征。

杂基成分以泥质为主,也常见硅质和钙质,但不同流域的杂基成分特点不尽相同。北部玛柯河以硅泥质成分为主,次为泥质,未见钙质;中部的杜柯河以泥质为主,硅泥质、硅质和钙质均有见及;南部的泥曲则以钙泥质为主,泥质、硅质少见。

岩石总体变质不明显,仅泥曲见有两种。部分含钙泥质杂基成分的岩石后期有碳酸盐化现象。

2)杂砂岩

杂砂岩是本区较常见的一种岩石类型。按前述分类方案共分为 19 种,其中变质的有两种;按流域分玛柯河 7 种(含变质的 1 种),杜柯河 7 种(含变质的 1 种),泥曲 5 种。

岩石中石英(含单晶石英、多晶石英及硅质岩屑)仍是砂屑中最常见的主要成分,故在岩石种类上也以石英杂砂岩类型为主;岩屑为砂屑的常见种类,在少数岩石中为主要成分;长石的分布比较广泛,但一般含量较少。砂屑粒度以细粒为主,少部分向中粒过渡;磨圆度、分选性好,成分成熟度和结构成熟度较高,反映出远源较稳定的沉积特征。少部分岩石中含有少量的粉砂质,多以夹层或透镜层出现。

岩石中杂基含量大于 15%,成分以泥质、硅泥质和钙质为主,也常见过渡类型。不同流域的杂基成分特点也存在一定的差异性。北部玛柯河以硅泥质成分为主,次为泥质,未见钙质;中部的杜柯河以泥质为主,硅泥质、钙泥质均有见及;南部的泥曲则以钙质为主,泥质少见,硅质未见。这种差异性与石英砂岩中杂基的分布特点相同,反映出区域性水体及环境的特征。

岩石总体变质也不明显,仅玛柯河、杜柯河各见有 1 种。杜柯河钙泥质杂基成分的岩石后期有碳酸盐化现象。

6.1.3　粉砂岩类

6.1.3.1　分类依据和方案

粉砂岩的分类以碎屑粒度和成分作为分类的依据。凡粒径在 0.062 5 ~ 0.003 9 mm(即 $4\phi \sim 8\phi$)之间的碎屑(即粉砂屑,一般简称为粉砂)占岩石含量 50% 以上时,归属于粉砂岩类。进一步根据粉砂成分(主要是石英、长石和岩屑)和填隙物成分(如泥质、钙质、硅质等)确定岩石的种类。若粉砂成分以石英为主(即石英含量占粉砂总量的 50% 以上)、填隙物以泥质为主(占岩石总量 10% 以上),称为泥质石英粉砂岩。

6.1.3.2　岩石类型

按照粉砂岩的分类依据和方案,工程区所见粉砂岩主要属石英粉砂岩,部分为粉砂岩(即石英、长石、岩屑三种成分各自的含量均小于 50%),共 7 种(含变质 2 种)类型。按流域分,玛柯河仅见 1 种,杜柯河有 4 种(含变质 1 种),泥曲为 2 种(含变质 1 种)。

石英粉砂岩中除石英外的粉砂成分主要为长石和岩屑,一般含量较少,当其含量增多时石英含量则减少,岩石类型过渡为粉砂岩。粉砂屑的磨圆度和分选性较好,部分岩石成分成熟度高,另一部分则相对偏低。填隙物以泥质为主,个别为钙质。

粉砂质层中可夹互有细砂质透镜层或泥质层,细砂成分以石英为主,局部含一定量的岩屑;泥质夹层少见。

岩石的后期改造比较明显,可出现碳酸盐化、板状化(结晶劈理)、片理化(有明显的重结晶或变质结晶的片状矿物定向排列),直至过渡为浅变质岩石类型。相比较而言,粉砂岩被改造的强度明显大于砂岩,这与其岩性特点及成分有密切的关系。

6.1.4　板岩类

板岩是泥质岩石经低级—极低级变质作用形成的产物,具有特征的板状构造、较低程度的变质重结晶和变质结晶。本区所见的泥质岩类岩石除极个别(L1)外,均已变质成为板岩,故其分类命名按照变质岩的相应岩石类型进行。

6.1.4.1　分类命名原则

板岩的分类命名主要考虑其颜色、成分和结晶程度,残留的原岩结构和构造特征也是分类命名的依据之一。

(1)当岩石结晶程度很低、具有板状构造时,其命名为"颜色 + 板岩",如黑色板岩。

(2)当岩石具有变余粉砂质结构或(和)成分特征时,称为粉砂质板岩。

(3)当岩石成分中含有较多的碳质(或微晶石墨)时,可称为碳质板岩。

(4)当岩石中出现变质结晶的矿物雏晶团、外观呈斑点状分布时,称为斑点板岩。

(5)内未变质的泥质岩石偶见,且与板岩呈夹互关系,故按原岩属性将其合并入板岩类。

按照上述分类命名原则,本区所见的板岩共有 19 种,其中玛柯河有 8 种,杜柯河有 14 种,泥曲仅见 1 种。

6.1.4.2　岩石类型

1)粉砂质板岩

粉砂质板岩在本区常见,按照上述分类共有 8 种,其中玛柯河有 3 种,杜柯河有 7 种,泥曲未见采有样品。根据区域地层分布及岩性组合特征,泥曲流域内应有粉砂质板岩出露。

在粉砂质板岩中,原泥质成分大多数已变质重结晶或变质结晶形成微细鳞片状绢云母、绿泥石等低级变质矿物,矿物粒度极细,多呈团块状分布,局部沿板理定向分布而构成板状构造;个别样品中受变质不均匀影响还残留有部分泥质,形成过渡类型——泥板岩,或者为粉砂质页岩与板岩互层。岩石中含有一定量的粉砂质,个别为细砂质,成分以石英为主,含有少量岩屑;碎屑有较清楚的重结晶,但结构保留较完整,仍呈透镜状或极薄层状出现(宏观上构成潮汐层理);还与板岩组成间互层,显示出细屑—泥质的沉积韵律特征,属稳定型沉积产物。

2)板岩

板岩也是本区常见的岩石类型之一,共分为 11 种。其中玛柯河有 5 种,杜柯河有 7 种,泥曲仅见 1 种。

该类岩石中最典型、分布也最广泛的是黑色板岩,岩石以标志性的颜色、平整而薄的板状构造、泥质基本已变质结晶但粒度很细为特征;其成分仍以绢云母、绿泥石为主,团块状分布;常见间夹(夹互)粉砂质—细砂质透镜层或薄层,粉砂质、砂质成分仍以石英为主,个别见含碳质,或含富铝质矿物斑点,其颗粒极细,镜下难以准确鉴定。

板岩后期变化较弱,仅个别见碳酸盐化。

从原岩的角度来看,泥质岩类的变质程度相对较强,其原因与岩性相关,故泥质岩类的原岩少见,而被板岩所取代。

综上所述,本区岩石类型比较简单,由一套成熟度较高的砂岩—粉砂岩—泥质岩组成,除泥质岩变质相对普遍外,砂岩和粉砂岩变质均较弱。不同流域之间岩石种类存在一定的差异。

6.2　碎屑粒度分析

碎屑粒度测量分析系统主要由偏光显微镜、计积台、光电测量仪、计算机等设备及配套软件组成,通过人工目视、光电自动计数、计算机程序分析的方式对岩石矿物的粒度、孔隙度等进行分析研究。根据测量系统的技术标准和测量要求,按下列标准进行:

(1)系统粒度测量的最小准确粒径为 1 μm,实际测量中最小粒径为 0.000 396 mm,符合精度要求。

(2)根据研究样品的岩性及碎屑粒度特征,采用偏光显微镜放大倍数为 100 倍的视场条件下进行碎屑颗粒观察和测量。

(3)用计积台固定待测样品薄片,按随机直线法测定碎屑颗粒的粒径。

(4)对每件样品的碎屑粒度测量均以 400 颗为测量的基准数,但有些样品的实测颗粒数不足基准数,其原因有二:一是该样品中待测颗粒数不足 400 颗;二是该样品颗粒的粒径太小,多数已达到泥质级粒度(0.003 9 mm 及以下),其测定对项目研究无实际意义,故该类粒径的碎屑未做测量计数。

(5)所测样品按照偏光显微镜在 100 倍视场条件下对碎屑进行成分鉴定,对能准确分辨的砂岩、粉砂岩类样品,按石英、长石分别测量计数,并在样品编号后予以注明,Q 代表石英,F 代表长石。对板岩样品,由于粒度太细不能分辨石英和长石,仅按碎屑进行测量计数,以原样品编号或原样品编号后加注 QF 代表。

(6)每件测量样品均按原始测量数据、分级粒度数据和粒度分析图编制,并按河流流域汇总。每条河流砂岩及粉砂岩分别统计碎屑石英、长石的分布规律,碎屑石英、长石未统计的分布规律为板岩的。

6.2.1　玛柯河岩石样品碎屑粒度分析

玛柯河岩石样品共有 45 件,按前述测量技术和要求实际测量了 63 组数据及相应的粒度分析。按照流域对这些数据进行了粒度分布范围的统计(见表 6-6),其最小粒径为 0.000 393 mm,最大粒径为 0.793 279 mm,粒度范围属泥—粗砂。

按照碎屑成分的粒度分析,玛柯河石英碎屑粒度分布百分频率服从正态分布(见图 6-2),最高频率为 12%,对应的粒度为 3ϕ;最低频率为小于 1%,对应于 0.5ϕ;大于 5% 的频率分布于 $2\phi \sim 4\phi$ 之间;故其主要粒度分布于细砂的范围(0.25 ~ 0.062 5 mm)。石英的粒度分布累计频率也显示出相应的特点(见图 6-3):曲线的中值(50%)位于 3ϕ,累计频率增幅较大的区间为 10% ~ 90%,对应的粒度区间位于 $2\phi \sim 4\phi$ 之间,即该粒度范围的石英碎屑颗粒为 80%。石英粒度分布累计概率呈两段式(见图 6-4),缺少滚动总体(即较大的碎屑颗粒),而以跳跃总体为主(见图 6-4 中的陡倾段),对应粒度分布为 $0.5\phi \sim 3\phi$;悬浮总体(见图 6-4 中右侧较平缓段)对应的粒度分布为 $3\phi \sim 6\phi$,而大于 4ϕ 的累计概率几乎呈水平线状,显示出较强的水动力条件和牵引—重力流的特征。

表 6-6　玛柯河样品粒度测量数据统计

岩石名称	采样位置	样品编号	实测颗粒数	粒径范围(mm)	
				最小粒径	最大粒径
泥质岩屑细砂岩	班前	B1(F)	400	0.038 479	0.793 279
		B1(Q)	400	0.032 721	0.599 693
细砂质岩屑杂砂岩		B2(F)	268	0.016 799	0.300 944
		B2(Q)	400	0.026 389	0.610 923
粉砂质黑色板岩		B3	400	0.007 653	0.465 056
泥质长石质细砂岩		B4(Q)	400	0.006 164	0.166 898
黑色粉砂质板岩		B5	400	0.015 125	0.369 365
硅泥质含长石细砂岩		B6(F)	244	0.016 295	0.344 793
		B6(Q)	400	0.031 972	0.662 248
粉砂质细岩屑杂砂岩		B7(F)	252	0.007 013	0.250 286
		B7(Q)	400	0.007 210	0.271 480
硅泥质含长石细砂岩		B8(F)	400	0.027 976	0.335 605
		B8(Q)	400	0.003 484	0.360 071
硅泥质含长石细砂岩		B9(F)	400	0.026 535	0.304 270
		B9(Q)	400	0.004 528	0.302 435
岩屑细粒石英砂岩		B10(F)	400	0.029 646	0.329 594
		B10(Q)	400	0.016 479	0.355 110
黑色含碳质板岩	玛尔沟	M1	400	0.000 396	0.041 380
黑色板岩		M2	297	0.000 396	0.044 061
黑色板岩		M3	110	0.000 396	0.052 778
黑色板岩		M4	50	0.005 946	0.038 572
黑色板岩		M5	41	0.000 396	0.029 432
黑色板岩		M6	139	0.000 396	0.056 495
黑色板岩		M7	59	0.001 253	0.042 493
黑色板岩		M8	127	0.005 521	0.172 498
黑色板岩		M9	20	0.007 521	0.039 988
黑色板岩		M10	23	0.007 013	0.098 739
黑色板岩		M11	67	0.005 153	0.048 581
黑色板岩		M12	95	0.002 242	0.046 315
黑色板岩		M13	400	0.001 244	0.276 407
黑色板岩		M14	121	0.001 982	0.051 536
黑色板岩		M15	97	0.001 773	0.031 01

续表6-6

岩石名称	采样位置	样品编号	实测颗粒数	粒径范围(mm)	
				最小粒径	最大粒径
互层状黑色板岩		L1	400	0.000 398	0.051 537
板岩夹粉砂质杂砂岩		L2	400	0.006 774	0.121 837
黑色板岩		L3	400	0.000 396	0.086 769
板状石英粉砂岩		L4	400	0.001 666	0.140 975
含粉砂质黑色板岩		L5	400	0.002 356	0.141 843
含粉砂质黑色板岩		L6	400	0.006 062	0.113 601
含粉砂黑色板岩		L7	400	0.002 061	0.104 796
黑色板岩		L8	400	0.001 714	0.100 886
板岩夹薄层粉砂质页岩		L9	400	0.006 870	0.107 041
板岩夹泥质粉砂岩		L10	400	0.001 457	0.124 274
硅泥质中细粒砂岩	扎洛	Z1(F)	400	0.029 847	0.475 950
		Z1(Q)	400	0.020 936	0.442 716
硅泥质含长石细砂岩		Z2(F)	400	0.028 889	0.401 133
		Z2(Q)	400	0.015 015	0.441 498
长石质中细粒砂岩		Z3(F)	400	0.020 054	0.478 972
		Z3(Q)	400	0.018 791	0.485 359
含岩屑长石质细砂岩		Z4(F)	400	0.011 434	0.295 021
		Z4(Q)	400	0.036 222	0.324 293
含长石中细粒砂岩		Z5(F)	400	0.014 128	0.475 995
		Z5(Q)	400	0.019 201	0.532 334
含长石及岩屑细砂岩		Z6(F)	400	0.020 350	0.357 411
		Z6(Q)	400	0.012 363	0.326 486
含石英及岩屑质细砂岩		Z7(F)	400	0.018 739	0.320 184
		Z7(Q)	400	0.017 014	0.401 336
中—细粒石英砂岩		Z8	400	0.000 393	0.393 324
		Z8(F)	400	0.000 398	0.557 394
		Z8(Q)	400	0.001 590	0.347 377
含长石中细粒砂岩		Z9(F)	400	0.032 330	0.337 223
		Z9(Q)	400	0.017 750	0.336 390
硅泥质含长石细砂岩		Z10(F)	400	0.022 809	0.304 529
		Z10(Q)	400	0.008 845	0.362 552

　　玛柯河长石碎屑粒度分布百分频率服从正态分布(见图6-5),最高频率为13.5%,对应的粒度为3ϕ;最低频率为小于1%,对应于小于等于0.5ϕ及大于5ϕ;大于5%的频率分布于2ϕ~4ϕ,故其主要粒度分布于细砂的范围(0.25~0.1 mm)。长石碎屑的粒度分布累计频率也显示出相应的特点(见图6-6):曲线的中值(50%)位于2.75ϕ,累计频率增幅较大的区间为10%~95%,对应粒度分布为2ϕ~4ϕ,即该粒度范围的石英碎屑颗粒百分频率为85%。长石粒度分布累计概率呈两段式(见图6-7),缺少滚动总体,而以跳跃总

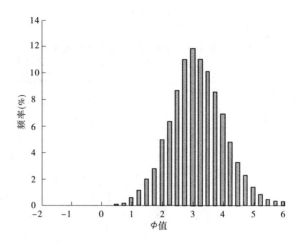

图 6-2　玛柯河石英碎屑粒度分布百分频率直方图

图 6-3　玛柯河石英碎屑粒度
分布累计频率百分曲线图

图 6-4　玛柯河石英碎屑粒度
分布累计概率曲线图

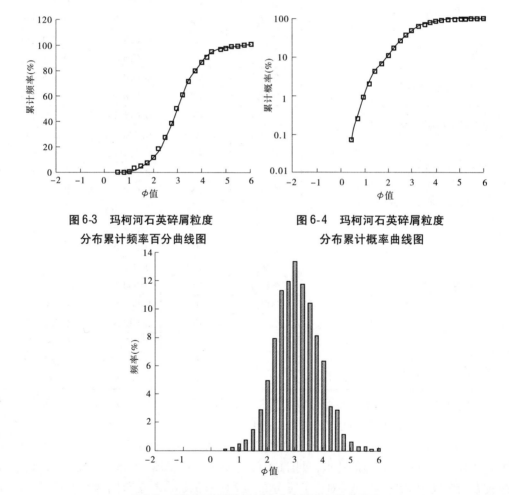

图 6-5　玛柯河长石碎屑粒度分布百分频率直方图

体为主(见图 6-7 中的陡倾段),对应粒度分布为 0.5φ～2.75φ;悬浮总体(见图 6-7 中右侧较平缓段)对应粒度分布为 2.75φ～6φ,而大于 3.5φ 的累计概率几乎呈水平线状,显示出较强的水动力条件和牵引—重力流的特征。

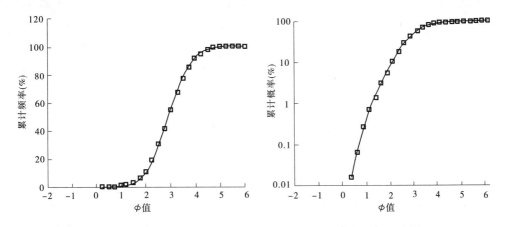

图6-6　玛柯河长石碎屑的粒度　　　　　图6-7　玛柯河长石碎屑粒度分布
　　　　分布累计频率曲线图　　　　　　　　　　累计概率曲线图

玛柯河长石石英碎屑粒度分布频率近似于正态分布(见图 6-8),最高频率为 20%,对应的粒度分布为 6φ;最低频率小于 1%,对应于小于 2φ 的粒度;大于 5% 的频率主要集中于 4φ～6φ,表明主要碎屑的粒径在粉砂的范围内,与其碎屑存在的岩性主要为板岩有关。碎屑粒度分布累计频率也显示出相应的特点(见图 6-9):曲线的中值(50%)位于 4.6φ,累计频率增幅较大的区间位于 20%～100%,对应的粒度分布为 4φ～6φ,即该粒度范围的碎屑百分频率为 80%。碎屑粒度分布累计概率呈陡倾近似直线的一段式(见图 6-10),

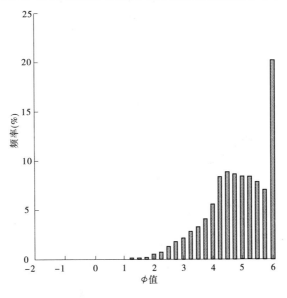

图6-8　玛柯河长石石英碎屑粒度分布百分频率直方图

由跳跃总体组成,上端有向悬浮总体过渡的趋势,显示出重力流的特征。

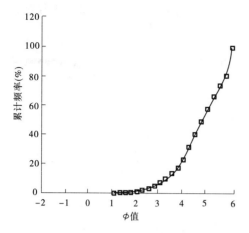

图6-9　玛柯河长石石英碎屑粒度
分布累计频率曲线图

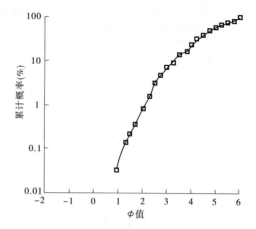

图6-10　玛柯河长石石英碎屑粒度
分布累计概率曲线图

因此,玛柯河的石英与长石的粒度分布相似,主要粒径均在细砂级范围内,含量高达 80% 以上,具牵引—重力流特征;而长石石英不能分辨的岩石中,碎屑粒度分布以粉砂级为主,具重力流特征。

6.2.2　杜柯河岩石样品碎屑粒度分析

杜柯河岩石样品共有 54 件,按前述测量技术和要求实际测量了 82 组数据及相应的粒度分析。按照流域对这些数据进行了粒度分布范围的统计(见表 6-7),其最小粒径为 0.000 393 mm,最大粒径为 1.889 68 mm,粒度范围属泥—巨砂。

表6-7　杜柯河样品数据统计

岩石名称	采样位置	样品编号	实测颗粒数	粒径范围(mm)	
				最小粒径	最大粒径
长石砂质粉砂岩		J1(F)	400	0.005 711	0.548 796
		J1(Q)	400	0.017 252	0.400 950
变石英粉砂岩		J2	400	0.000 393	0.122 954
		J2(F)	400	0.017 288	0.453 340
	加塔	J2(Q)	400	0.018 917	0.291 200
含长石中细粒石英砂岩		J3(F)	400	0.019 305	0.415 988
		J3(Q)	400	0.011 96	0.705 716
中细粒石英砂岩		J4(F)	400	0.031 031	0.358 684
		J4(Q)	400	0.015 992	0.507 510
泥质岩屑细砂岩		J5(F)	400	0.008 404	0.419 395
		J5(Q)	400	0.016 870	0.420 872

续表 6-7

岩石名称	采样位置	样品编号	实测颗粒数	粒径范围（mm）	
				最小粒径	最大粒径
硅泥质细砂岩	加塔	J6（F）	400	0.023 830	0.368 150
		J6（Q）	400	0.002 827	0.303 762
含岩屑中细粒砂岩		J7（F）	400	0.020 942	0.409 818
		J7（Q）	400	0.024 558	0.551 489
硅质石英细砂岩		J8（F）	400	0.024 532	0.422 083
		J8（Q）	400	0.019 156	0.493 037
硅质细砂岩		J9（F）	400	0.021 601	0.382 221
		J9（Q）	400	0.003 154	0.372 335
石英细砂岩		J10（F）	400	0.025 397	0.450 287
		J10（Q）	400	0.004 378	0.651 322
黑色板岩		T1	400	0.003 740	0.081 861
变钙泥质石英粉砂岩		T2	400	0.006 075	0.120 042
黑色板岩		T3	384	0.000 886	0.662 804
泥质石英粉砂岩		T4	400	0.002 588	0.123 333
黑色板岩		T5	15	0.006 404	0.079 327
细粒石英杂砂岩		T6（F）	26	0.023 266	0.150 268
		T6（Q）	400	0.023 656	0.253 535
黑色板岩		T7	162	0.008 863	0.089 046
黑色板岩		T8	199	0.001 773	0.055 354
黑色板岩		T9	301	0.005 675	0.095 690
黑色板岩		T10	376	0.001 982	0.280 799
黑色板岩	上杜柯	D1	400	0.000 396	0.056 660
黑色粉砂质板岩		D2	400	0.005 614	0.205 650
黑色含粉砂质板岩		D3	400	0.000 396	0.075 817
黑色板岩		D4	400	0.000 396	0.089 230
黑色板岩		D5	400	0.000 396	0.059 576
黑色板岩		D6	400	0.000 396	0.101 476
黑色板岩		D7	400	0.000 396	0.056 244
黑色板岩		D8	400	0.001 143	0.132 352
变杂砂岩质石英粉砂岩		D9（F）	166	0.005 168	0.170 990
		D9（Q）	400	0.011 572	0.185 530
中细粒长石石英杂砂岩		S1（F）	400	0.000 786	0.871 457
		S1（Q）	400	0.020 990	0.403 803

续表 6-7

岩石名称	采样位置	样品编号	实测颗粒数	粒径范围（mm）	
				最小粒径	最大粒径
细砂质粉砂岩	上杜柯	S2（F）	8	0.032 107	0.186 745
		S2（Q）	400	0.009 039	0.339 018
粉砂质石英细砂岩		S3（F）	400	0.021 686	1.046 823
		S3（Q）	400	0.024 364	0.446 425
细粒岩屑石英杂砂岩		S4（F）	400	0.025 350	1.889 680
		S4（Q）	400	0.032 891	0.428 798
岩屑石英细砂岩		S5（F）	400	0.001 429	0.582 241
		S5（Q）	400	0.037 380	1.606 882
长石石英杂砂岩		S6（F）	400	0.021 419	0.291 046
		S6（Q）	400	0.016 577	0.409 225
粉砂质泥板岩		S7（F）	12	0.051 915	0.163 789
		S7（Q）	400	0.005 318	0.255 085
岩屑石英细砂岩		S8（F）	400	0.000 889	0.699 191
		S8（Q）	400	0.025 902	0.580 419
长石石英细砂岩		S9（F）	400	0.006 667	0.306 038
		S9（Q）	400	0.020 502	0.339 604
岩屑石英细砂岩		S10（F）	400	0.025 483	0.639 937
		S10（Q）	400	0.035 817	0.684 917
碳酸盐化黑色板岩	易朗沟	Y1	400	0.000 396	0.032 438
碳酸盐化粉砂质黑色板岩		Y2	400	0.012 534	0.193 272
碳酸盐化黑色板岩		Y3	400	0.000 396	0.161 425
黑色砂质板岩		Y4（F）	400	0.027 348	0.272 569
		Y4（Q）	400	0.019 160	0.178 249
黑色砂质板岩		Y5（F）	122	0.021 762	0.178 381
		Y5（Q）	400	0.015 941	0.197 475
含粉砂质黑色板岩		Y6	400	0.000 396	0.046 269
细砂质粉砂杂砂岩		Y7（F）	126	0.010 306	0.203 683
		Y7（Q）	400	0.012 547	0.202 398
含粉砂黑色板岩		Y8	400	0.000 886	0.081 752
含粉砂质黑色板岩		Y9（Q）	400	0.005 315	0.110 494
碳酸盐化黑色板岩		Y10	400	0.012 217	0.313 192
黑色板岩		Y11	400	0.000 561	0.050 478
泥质岩屑细砂岩		Y12	400	0.023 494	0.350 539
		Y12（F）	400	0.009 800	0.301 370
碳酸盐化黑色板岩		Y13	400	0.000 396	0.047 595
碳酸盐化石英细砂岩		Y14（F）	400	0.015 609	0.392 135
		Y14（Q）	400	0.018 257	0.327 757
黑色板岩		Y15	400	0.000 396	0.056 983

按照碎屑成分的粒度分析,杜柯河石英碎屑粒度分布频率服从正态分布(见图 6-11),最高频率为 11.5%,对应的粒度为 3.5ϕ;最低频率为小于 1%,对应于小于等于1.25ϕ、大于等于 5.5ϕ;大于 5% 的频率分布于 2.25ϕ ~4.5ϕ,故其主要粒度分布于细砂的范围(0.25 ~0.062 5 mm)。石英碎屑的粒度分布累计频率也显示出相应的特点(见图 6-12),曲线的中值(50%)位于 3.25ϕ,累计频率增幅较大的区间为 10% ~90%,对应的粒度区间位于 2ϕ ~4ϕ,即该粒度范围的石英碎屑颗粒百分频率为 80%。石英碎屑粒度分布累计概率呈三段式(见图 6-13),滚动总体极少,而以跳跃总体为主,对应粒度分布为 -0.5ϕ ~3.25ϕ;悬浮总体对应的粒度分布为 3.25ϕ ~6ϕ,而大于 4ϕ 的累计概率几乎呈水平线状,显示出较玛柯河强的水动力条件和牵引—重力流的特征。

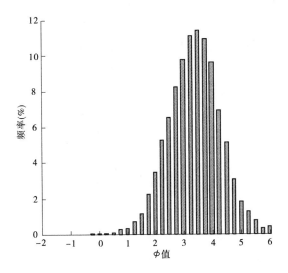

图 6-11   杜柯河石英碎屑粒度分布百分频率直方图

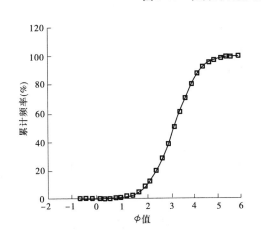

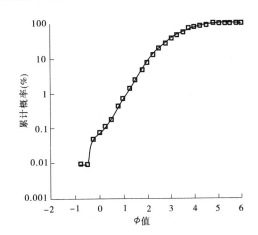

图 6-12   杜柯河石英碎屑粒度
分布累计频率曲线图

图 6-13   杜柯河石英碎屑粒度
分布累计概率曲线图

按照碎屑成分的粒度分析,杜柯河长石碎屑粒度分布与百分频率服从正态分布(见

图6-14），最高频率为12%，对应的粒度为$3\phi \sim 3.25\phi$；最低频率为小于1%，对应于小于等于0.75ϕ、大于等于5ϕ；大于5%的频率分布于$2.25\phi \sim 4.25\phi$，故其主要粒度分布于细砂的范围（$0.25 \sim 0.1$ mm）。长石的粒度分布与累计频率也显示出相应的特点（见图6-15），曲线的中值（50%）位于3ϕ，累计频率增幅较大的区间为10% ~ 90%，对应的粒度区间位于$1.5\phi \sim 4\phi$，即该粒度范围的长石碎屑颗粒百分频率为80%。长石粒度分布累计概率呈三段式（见图6-16），滚动总体极少，而以跳跃总体为主，对应粒度分布为$0.5\phi \sim 3\phi$；悬浮总体对应的粒度分布为$3\phi \sim 6\phi$，而大于3.5ϕ的累计概率几乎呈水平线状，显示出较强的水动力条件和牵引—重力流的特征。

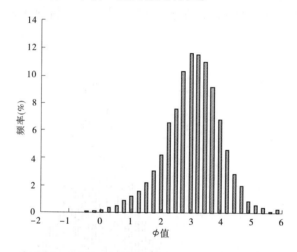

图6-14 杜柯河长石碎屑粒度分布百分频率直方图

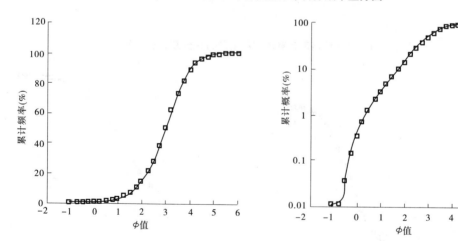

图6-15 杜柯河长石碎屑粒度
分布累计频率曲线图

图6-16 杜柯河长石碎屑粒度
分布累计概率曲线图

按照碎屑成分的粒度分析，杜柯河长石石英碎屑粒度分布频率为非正态分布（见图6-17），最高频率为25%，对应的粒度为6ϕ；最低频率为小于1%，对应于小于等于3ϕ；大于5%的频率分布于$4\phi \sim 6\phi$，故其主要粒度分布于粉砂的范围。碎屑粒度分布累计频率也显示出相应的特点（见图6-18）；曲线的中值（50%）位于5ϕ，累计频率增幅较大的区间

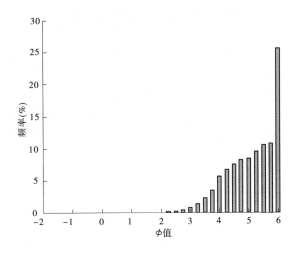

图 6-17　杜柯河长石石英碎屑的粒度分布百分频率直方图

为 10% ~ 100%,对应的粒度区间位于 3.75ϕ ~ 6ϕ,即该粒度范围的碎屑颗粒百分频率为 90%。碎屑粒度分布累计概率呈三段式(见图 6-19),滚动总体很少,而以跳跃总体为主,对应粒度分布为 2.25ϕ ~ 4ϕ;悬浮总体对应的粒度分布为 4ϕ ~ 6ϕ,但与跳跃总体累计概率段区分不明显,两者几乎为一直线,显示出较强的水动力条件和重力—牵引流的特征。

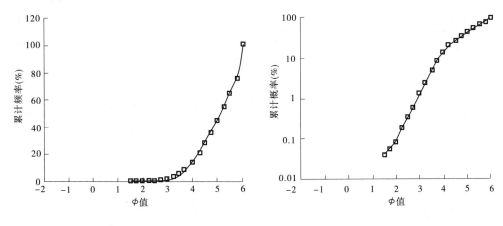

图 6-18　杜柯河长石石英碎屑　　　　　　　　图 6-19　杜柯河长石石英碎屑粒度
粒度分布累计频率曲线图　　　　　　　　　　　分布累计概率曲线图

因此,杜柯河的石英与长石的粒度分布相似,主要粒径均在细砂级范围,百分频率高达 80% 以上,具牵引—重力流特征;而长石石英不能分辨的岩石中,碎屑粒度分布以粉砂级为主,具重力—牵引流特征。

6.2.3　泥曲岩石样品碎屑粒度分析

泥曲岩石样品共有 25 件,按前述测量技术和要求实际测量了 46 组数据及相应的粒度分析。按照流域对这些数据进行了粒度分布范围的统计(见表 6-8),其最小粒径为 0.000 571 mm,最大粒径为 1.043 911 mm,粒度范围属泥—巨砂。

表 6-8　泥曲样品粒度测量数据统计

岩石名称	采样位置	样品编号	实测颗粒数	粒径范围(mm)	
				最小粒径	最大粒径
岩屑石英细砂岩	陈洛	K02－1	400	0.000 571	0.149 988
		K02－1(F)	400	0.010 448	0.231 658
细粒岩屑杂砂岩		K02－2	400	0.006 971	0.472 827
		K02－2(F)	80	0.012 988	0.491 738
长石岩屑石英砂岩		K02－3(F)	400	0.028 264	0.810 033
		K02－3(Q)	400	0.037 284	0.747 994
变岩屑石英细砂岩		K03－1c	400	0.009 368	0.387 321
岩屑石英细砂岩		K03－2c(F)	35	0.040 753	1.043 911
		K03－2c(Q)	400	0.024 832	0.476 847
硅质岩屑石英细砂岩	马留子	K01－1	400	0.015 478	0.301 975
		K01－1(F)	400	0.013 044	0.337 409
泥质岩屑石英细砂岩		K01－2	400	0.010 477	0.341 455
		K01－2(F)	400	0.018 385	0.247 989
片理化变泥质粉砂岩		K03－1	400	0.001 277	0.083 001
钙质岩屑石英细砂岩		K03－2	400	0.014 019	0.330 657
石英细砂岩		K03－3(F)	400	0.010 004	0.179 531
		K03－3(Q)	400	0.026 474	0.319 429
石英细砂质粉砂岩	仁达	N1(F)	40	0.027 810	0.306 897
		N1(Q)	400	0.062 798	0.996 520
细粒石英杂砂岩		N2	66	0.046 767	0.349 939
		N2(Q)	400	0.026 475	0.395 586
石英细砂岩		N3(F)	52	0.040 375	0.178 172
		N3(Q)	400	0.013 035	0.270 429
中细粒石英砂岩		N4(F)	81	0.039 039	0.373 527
		N4(Q)	400	0.027 065	0.475 267
中细粒石英杂砂岩		N5(F)	23	0.034 724	0.386 750
		N5(Q)	23	0.034 724	0.386 750
中细粒石英砂岩		N6(F)	28	0.032 037	0.348 853
		N6(Q)	400	0.030 317	0.523 083
黑色板岩		N7	400	0.005 243	0.214 050
中细粒石英砂岩		N8(F)	31	0.028 983	0.376 002
		N8(Q)	400	0.028 863	0.441 628

续表 6-8

岩石名称	采样位置	样品编号	实测颗粒数	粒径范围（mm）	
				最小粒径	最大粒径
石英细砂岩	仁达	N9（F）	36	0.014 237	0.214 796
		N9（Q）	400	0.015 601	0.175 133
石英细砂岩		N10（F）	31	0.041 608	0.246 029
		N10（Q）	400	0.007 040	0.334 909
细粒石英杂砂岩		N11（F）	29	0.043 241	0.264 094
		N11（Q）	400	0.015 767	0.427 508
细粒石英杂砂岩		N12（F）	70	0.042 285	0.369 167
		N12（Q）	400	0.017 115	0.347 845
细粒石英杂砂岩		N13（F）	44	0.029 375	0.292 864
		N13（Q）	400	0.019 068	0.331 588
钙质石英细砂岩		N14（F）	20	0.046 080	0.286 066
		N14（Q）	400	0.012 440	0.440 004
石英粉砂杂砂岩		N15（F）	6	0.027 560	0.155 304
		N15（Q）	400	0.015 781	0.177 893

按照碎屑成分的粒度分析,泥曲石英碎屑粒度分布频率服从正态分布(见图6-20),最高频率为11%,对应的粒度为3.25ϕ;最低频率为小于1%,对应于小于等于1ϕ;大于5%的频率分布于$2.25\phi \sim 4.25\phi$,故其主要粒度分布于细砂的范围。石英碎屑粒度分布与累计频率也显示出相应的特点(见图6-21),曲线的中值(50%)位于3.1ϕ,累计频率增幅较大的区间为10%~90%,对应的粒度区间位于$2\phi \sim 4\phi$,即该粒度范围的碎屑颗粒频率为80%。石英粒度分布累计概率呈两段式(见图6-22),滚动总体缺少,而以跳跃总体

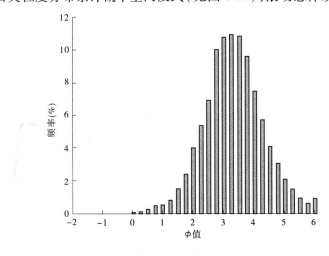

图 6-20　泥曲石英碎屑粒度分布百分频率直方图

为主,对应粒度分布为 0ϕ ~3ϕ;悬浮总体对应的粒度分布为 3ϕ ~6ϕ,与跳跃总体累计概率段清楚,4ϕ 以上段几乎为水平线,显示出较强的水动力条件和牵引—重力流的特征。

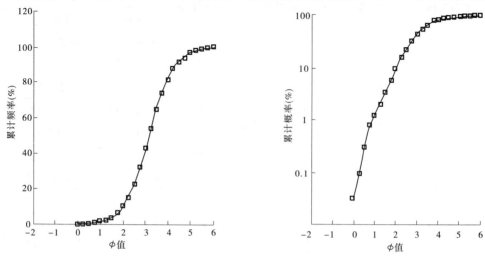

图 6-21　泥曲石英碎屑粒度分布累计频率曲线图　图 6-22　泥曲石英碎屑粒度分布累计概率曲线图

　　按照碎屑成分的粒度分析,泥曲长石碎屑粒度分布频率服从正态分布(见图 6-23),最高频率为 10.5%,对应的粒度为 3.5ϕ;最低频率为小于 1%,对应于小于等于 1.5ϕ;大于 5% 的频率分布于 2.5ϕ ~5ϕ,故其主要粒度分布于细—粉砂的范围。长石碎屑粒度分布与累计频率也显示出相应的特点(见图 6-24),曲线的中值(50%)位于 3.5ϕ,累计频率增幅较大的区间为 10% ~90%,对应的粒度区间位于 2.25ϕ ~4.75ϕ,即该粒度范围的碎屑颗粒百分频率为 80%。长石碎屑粒度分布累计概率呈三段式(见图 6-25),滚动总体很少,而以跳跃总体为主,对应粒度分布为 0.5ϕ ~3.5ϕ;悬浮总体对应的粒度分布为 3.5ϕ ~6ϕ,与跳跃总体累计概率段区分明显,显示出较强的水动力条件和牵引流的特征。

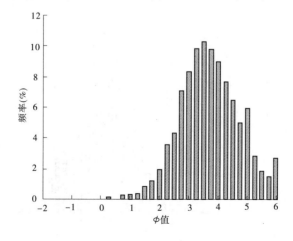

图 6-23　泥曲长石碎屑粒度分布百分频率直方图

　　按照碎屑成分的粒度分析,泥曲长石石英碎屑粒度分布频率近似正态分布(见

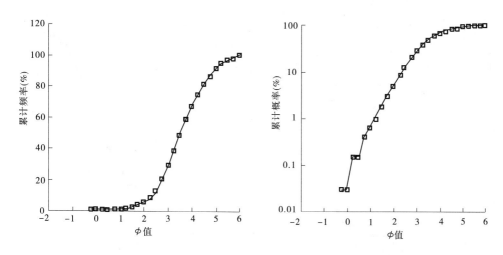

图6-24　泥曲长石碎屑粒度分布累计频率曲线图　图6-25　泥曲长石碎屑粒度分布累计概率曲线图

图 6-26），最高频率为 17.5%，对应的粒度为 4.75ϕ；最低频率为小于 1%，对应于小于等于 3.25ϕ；大于 5% 的频率分布于 4.25ϕ ~ 6ϕ，故其主要粒度分布于粉砂的范围。碎屑粒度分布累计频率也显示出相应的特点（见图 6-27），曲线的中值（50%）位于 4.75ϕ，累计频率增幅较大的区间为 10% ~ 100%，对应的粒度区间位于 4ϕ ~ 6ϕ，即该粒度范围的碎屑颗粒概率为 90%。碎屑粒度分布累计概率呈三段式（见图 6-28），滚动总体很少，而以跳跃总体为主，对应粒度分布为 2.5ϕ ~ 5ϕ；悬浮总体对应的粒度分布为 5ϕ ~ 6ϕ，但与跳跃总体累计概率段区分不明显，显示出较强的水动力条件和重力—牵引流的特征。

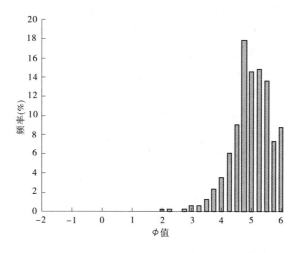

图6-26　泥曲长石石英碎屑粒度分布百分频率直方图

因此，泥曲的石英与长石的粒度分布相似，主要粒径均在细砂级范围，频率高达 80% 以上，具牵引—重力流特征；而在长石石英不能分辨的岩石中，碎屑粒度分布以粉砂级为主，具重力流特征。

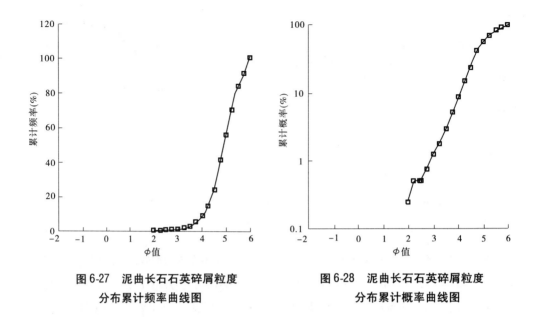

图 6-27　泥曲长石石英碎屑粒度　　　　　图 6-28　泥曲长石石英碎屑粒度
分布累计频率曲线图　　　　　　　　　　分布累计概率曲线图

6.3　石英含量分布规律

6.3.1　碎屑岩中石英的成分及含量

石英作为碎屑岩中常见的碎屑成分而普遍存在。按照石英的构成特征,在岩石鉴定中将石英分为单晶石英(单颗粒状碎屑)、多晶石英(多颗粒的集合粒状组成单颗粒状碎屑)、硅质岩屑(沉积型、岩浆型、变质型等),矿物包括石英、燧石等以 SiO_2 为主要成分的物质。在物理性质及化学稳定性等方面,这些物质与石英具有极为相似的特征。因此,分析研究碎屑岩中石英的成分、含量等特征,实际上是分析研究石英类成分的相关特征。

在薄片鉴定中,将石英分别按单晶石英、多晶石英和硅质岩屑三部分分别统计含量。在后述的石英含量分布规律中,则将这三部分的含量累加作为样品的石英含量。

通过薄片观察,研究样品中的石英等碎屑具有较好的圆度和球度,粒度分析也表明具有较集中的粒径分布范围,故所表明的石英含量为体积百分率。

由于样品中石英碎屑占绝对多数,长石及岩屑含量普遍较少,且其比重与石英相当,故以重量百分比来表示石英的含量对本次研究来说,基本无实际应用的意义。

6.3.2　玛柯河岩石中石英含量及其规律

玛柯河三类碎屑岩(即(杂)砂岩、粉砂岩、板岩)中石英含量具有较为明显的差异(见表 6-9)。砂岩及杂砂岩类岩石中石英的含量(体积百分比,下同)为 55% ~ 80%,平均为 68.44%;粉砂岩仅有一个样品,其石英含量为 90%;板岩中石英的含量为 1% ~ 30%,平均为 8.5%。因此,石英在(杂)砂岩、粉砂岩中为主要的碎屑成分,而在板岩中则为次要成分,且其含量变化较大。

表 6-9　玛柯河岩石样品石英百分含量统计

序号	板岩		粉砂岩		(杂)砂岩	
	样品号	石英含量(%)	样品号	石英含量(%)	样品号	石英含量(%)
1	B3	20	L4	90	B1	65
2	B5	6			B2	55
3	L1	30			B4	75
4	L2	30			B6	65
5	L3	1			B7	55
6	L5	10			B8	80
7	L6	7.5			B9	60
8	L7	5			B10	75
9	L8	17.5			Z1	70
10	L9	20			Z2	77
11	L10	30			Z3	62.5
12	M1	1			Z4	70
13	M2	30			Z5	67.5
14	M3	1			Z6	65
15	M4	1			Z7	60
16	M5	1			Z8	75
17	M6	2			Z9	75
18	M7	1			Z10	80
19	M8	1			平均含量:68.44	
20	M9	1				
21	M10	1				
22	M11	1				
23	M12	1				
24	M13	1				
25	M14	1				
26	M15	1				
	平均含量:8.5					

注:表中石英含量统计依据为岩石薄片鉴定成果,半定量,下同。

　　（杂）砂岩及板岩不同样品的石英含量比较见图 6-29、图 6-30,与统计结果具有一致性。在 26 件板岩样品中,石英含量大于 5% 的有 10 件,占样品总数的 38.46%;石英含量大于 15% 的有 7 件,占样品总数的 26.92%;而石英含量为 1% 或以下的(图表分析时为计算方便,将小于 1% 的含量均近似用 1% 表示,下同)样品有 14 件,占样品总数的

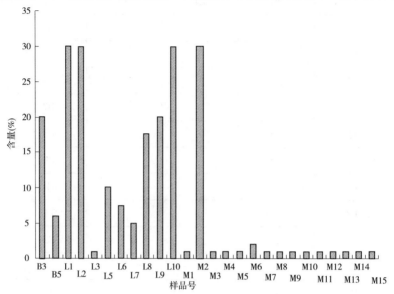

图 6-29　玛柯河板岩石英含量直方图

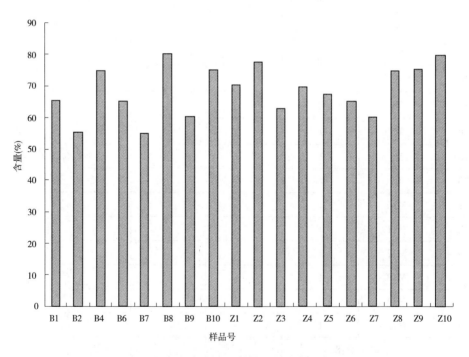

图 6-30　玛柯河(杂)砂岩石英含量直方图

53.85%。由此可见,多数板岩中石英含量极低,仅少数可达到30%。从样品产地上看,玛尔沟的样品绝大多数石英含量极低,除1件样品外其余的石英含量均小于5%;班前和扎洛的板岩中石英含量相对较高,班前的2件样品石英含量均大于5%,扎洛9件样品中仅有2件石英含量未超过5%,有5件样品达到15%或以上,其中3件达到30%。

(杂)砂岩共有18件样品,含量大于75%的有3件,占样品总数的16.67%;含量在75% ~60%的有11件,占样品总数的61.11%;60% ~ 55%的有4件,占样品总数的22.22%。因此,该类岩石中石英的含量主要为60% ~75%。从产地上比较,扎洛样品的石英含量总体上略高于班前样品,且其石英含量均不低于60%。

由于粉砂岩仅有1件样品,其含量高达90%,规律性无法归纳。

6.3.3　杜柯河岩石中石英含量及其规律

杜柯河三类碎屑岩(即(杂)砂岩、粉砂岩、板岩)中石英含量具有较为明显的差异(见表6-10)。(杂)砂岩类岩石中石英的含量为60% ～85%,平均为76.71%;粉砂岩为65% ~90%,平均含量为73.75%;板岩中石英的含量为1% ~75%,平均为16.57%,故石英在(杂)砂岩、粉砂岩中为主要的碎屑成分,而在板岩中除5件样品外,其余24件样品中为次要成分,但其含量变化较大。

表6-10　杜柯河岩石样品石英百分含量统计

序号	板岩		粉砂岩		(杂)砂岩	
	样品号	石英含量(%)	样品号	石英含量(%)	样品号	石英含量(%)
1	D1	1.5	J1	65	D9	70
2	D2	15	J2	75	J3	80
3	D3	3	T4	90	J4	80
4	D4	1.5	T9	65	J5	75
5	D5	50	平均含量:73.75		J6	70
6	D6	1			J7	75
7	D7	75			J8	80
8	D8	3			J9	85
9	S2	70			J10	78
10	S7	25			S1	75
11	T1	70			S3	85
12	T2	55			S4	75
13	T3	2			S5	65
14	T5	1			S6	75
15	T7	1			S8	75
16	T8	1			S9	80
17	T10	1			S10	85
18	Y1	1.5			T6	78

续表 6-10

序号	板岩		粉砂岩		（杂）砂岩	
	样品号	石英含量（%）	样品号	石英含量（%）	样品号	石英含量（%）
19	Y2	1.5			Y7	60
20	Y3	1.5			Y12	85
21	Y4	40			Y14	80
22	Y5	30			平均含量:76.71	
23	Y6	10				
24	Y8	7.5				
25	Y9	5				
26	Y10	2.5				
27	Y11	1				
28	Y13	2				
29	Y15	2				
	平均含量:16.57					

砂岩、粉砂岩及板岩不同样品的石英含量比较（见图 6-31 ～ 图 6-33），与统计结果具有一致性。29 件板岩样品中，石英含量大于 5% 的有 11 件，占样品总数的 37.93%；石英含量大于 15% 的有 8 件，占样品总数的 27.59%；而石英含量为 1% 或以下的样品有 6 件，占样品总数的 20.69%；而石英含量为 1% ～5%（含 5%，不含 1%）的有 12 件，占样品总数的 41.38%。由此可见，多数板岩中石英含量低（小于 5%），仅 4 件样品可达到 50% 及以上。从样品产地上看：易朗沟的样品大多数石英含量极低，12 件样品中有 4 件大于 5%，最高达 40%；上杜柯板岩中石英含量相对较高，10 件样品中大于 5% 的有 5 件，超过

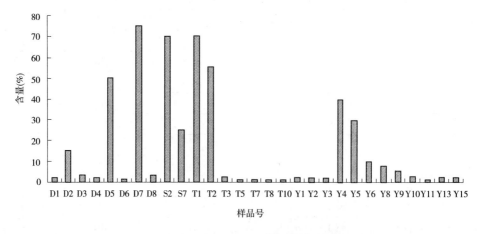

图 6-31　杜柯河板岩石英百分含量直方图

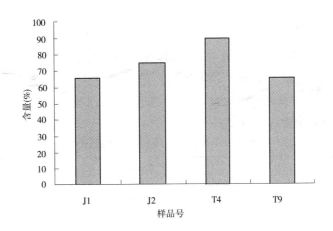

图 6-32　杜柯河粉砂岩石英百分含量直方图

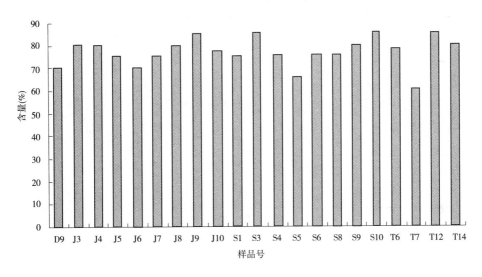

图 6-33　杜柯河(杂)砂岩石英百分含量直方图

50% 的有 2 件,最高达 75%;加塔 7 件样品中有 2 件石英含量超过 50%,有 5 件样品石英含量极低。相对而言,上杜柯板岩中石英的含量较高。

粉砂岩仅有 4 件样品,其含量为 65%~90%,平均含量 73.75%。样品产地均为加塔,从样品编号顺序上看,J 系列样品随编号正序石英含量有增高趋势,T 系列样品则随编号正序石英含量有降低趋势。

(杂)砂岩共有 21 件样品,含量大于 80% 的有 4 件,占样品总数的 19.05%;含量在 70%~80%(含 80%,不含 70%)的样品有 13 件,占样品总数的 61.90%,故多数样品的石英含量在 70% 以上。从产地上比较,易朗沟和加塔分别有 1 件样品的石英含量低于 70%,其余均达到 70% 或以上。

从总体上比较,上杜柯样品中石英含量略高于加塔,易朗沟样品的石英含量相对偏低。从流域上看,杜柯河岩石中石英含量较玛柯河相当样品偏高。

6.3.4 泥曲岩石中石英含量及其规律

泥曲三类碎屑岩中石英含量具有较为明显的差异(见表 6-11)。(杂)砂岩类岩石中石英的含量(体积百分比)为 50% ~ 87.5%,平均为 77.48%;粉砂岩为 75% ~ 80%,平均含量为 77.5%;板岩中石英的含量为 3%。因此,石英在砂岩杂砂岩、粉砂岩中为主要的碎屑成分,而在板岩中为次要成分。

表 6-11　泥曲岩石样品石英含量统计

序号	板岩		粉砂岩		(杂)砂岩	
	样品号	石英含量(%)	样品号	石英含量(%)	样品号	石英含量(%)
1	N7	3	K03 - 1	75	K01 - 1	85
2			N1	80	K01 - 2	80
3			平均含量:77.5		K02 - 1	50
4					K02 - 2	65
5					K02 - 3	75
6					K03 - 2	83
7					K03 - 3	87.5
8					K03 - 1c	80
9					K03 - 2c	85
10					N2	80
11					N3	80
12					N4	85
13					N5	75
14					N6	80
15					N8	80
16					N9	78
17					N10	78
18					N11	70
19					N12	75
20					N13	68
21					N14	85
22					N15	80
					平均含量:77.48	

（杂）砂岩、粉砂岩及板岩不同样品的石英含量比较（见图6-34），与统计结果具有一致性。

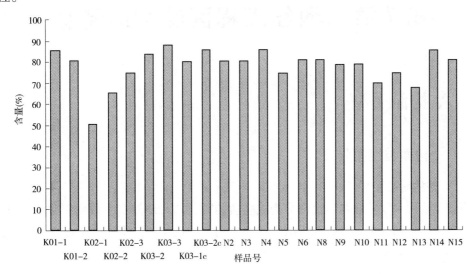

图6-34 泥曲砂岩石英百分含量直方图

在22件样品（杂）砂岩中，含量大于80%的有6件，占样品总数的27.27%；含量在70%~80%（含80%，不含70%）的样品有12件，占样品总数的54.55%；含量低于60%的仅有1件。因此，多数样品的石英含量在70%以上。从产地上比较，陈洛有5件样品的石英含量为50%~85%，大于80%的有2件，大于70%的有3件；随样品顺序号石英含量呈增高趋势。马留子4件样品的石英含量为80%~85%，随样品顺序号，K01系列石英含量呈降低趋势，K03系列则呈增高趋势。仁达13件样品的石英含量为68%~85%，低于70%仅1件，达到或超过80%有7件，但其含量变化无规律。因此，总体上仁达砂岩中石英含量相对较高，而陈洛则略低。

第7章　西线工程区结构面特征

7.1　结构面类型

7.1.1　结构面类型和分级

7.1.1.1　结构面类型

西线工程引水线路区基岩大部分为浅变质的砂、板岩,局部有少量的岩浆岩、薄层灰岩等。由于受不同类型、规模、等级的结构面切割,岩体呈现出不同的结构面类型,主要有断裂带、节理裂隙、层理面、卸荷带、软弱夹层等。

7.1.1.2　结构面分级

岩体结构特征主要取决于岩体中结构面的发育程度和组合形式,结构面的发育程度和规模不仅影响工程岩体的力学性质,而且影响工程岩体稳定性。南水北调西线一期工程引水线路区构造发育,岩体结构的突出特点是陡倾角的砂、板岩地层,发育的结构面主要有断层、挤压破碎带、软弱夹层、层理层面、构造节理、劈理等。各类结构面在线路不同地段发育的规模和频度有很大的差别。为便于分析不同规模结构面对引水线路工程地质条件的影响程度,根据结构面的延伸长度及宽度将结构面分为五级,各级结构面的规模及工程地质特征如表7-1所示。

表7-1　引水线路区结构面分级特征表

分级	分级名称	延伸规模	结构面类型	工程地质特征
I	区域性断层	延伸长度 > 20 km,或破碎带宽 > 30 m	大断裂带、区域性或地区性断层,深度至少切穿一个构造层	影响区域构造稳定性、新构造运动、天然地震和水库诱发地震
II	大型断层	延伸长度 1 ~ 20 km,或破碎带宽度 10 ~ 30 m	贯穿工程区的断层,深度限于盖层	影响山体稳定、大范围岩体稳定,直接影响工程岩体的稳定性,具体建筑物应避开或采取必要的处理措施
III	中型断层	延伸长度 100 ~ 1 000 m,或破碎带宽度 1 ~ 10 m	断层、层间错动	影响岩体稳定、边坡稳定等,影响工程布局
IV	小断层、大裂隙	延伸长度 10 ~ 100 m,或破碎带宽度 0.1 ~ 1 m	小断层、延伸较长的节理、裂隙	影响工程岩体的稳定性,如地下洞室围岩稳定性及局部边坡岩体稳定性等

续表 7-1

分级	分级名称	延伸规模	结构面类型	工程地质特征
Ⅴ	节理裂隙	延伸长度<10 m,或破碎带宽度<0.1 m	细小的节理、裂隙、劈理	构成岩块的边界面,破坏岩体的完整性,影响局部边坡与洞壁的岩块稳定性

7.1.2　岩体结构类型与岩体完整性评价

7.1.2.1　岩体结构类型

西线工程区基岩大部分为浅变质的砂、板岩,局部有少量的岩浆岩、薄层灰岩等。由于受不同类型、规模、等级的结构面切割,岩体呈现出不同的结构类型。为了反映工程区岩体结构面和结构体的特征及其组合关系,根据有关规程、规范并结合工程区的实际地质条件,将工程区的岩体结构主要分为四大类,各类岩体结构特征见表7-2。

表 7-2　工程区岩体结构分类及各类岩体结构特征

类型	亚类	岩体结构特征
块状结构	次块状结构	岩体较完整,呈次块状,结构面中等发育,间距一般为30~50 cm
层状结构	厚层状结构	岩体较完整,呈厚层状,结构面轻度发育,间距一般为50~100 cm
	中厚层状结构	岩体较完整,呈中厚层状,结构面中等发育,间距一般为30~50 cm
	互层状结构	岩体较完整或完整性较差,呈互层状,结构面较发育,间距一般为10~30 cm
	薄层状结构	岩体完整性较差,呈薄层状,结构面发育,间距一般小于10 cm
碎裂结构	镶嵌碎裂结构	岩体完整性差,结构面发育—很发育,间距一般为10~30 cm
	碎裂结构	岩体较破碎,结构面很发育,间距一般小于10 cm
散体结构	碎块状结构	岩体破碎,岩块夹岩屑或泥质物
	碎屑状结构	岩体破碎,岩屑或泥质物夹岩块

在一般情况下,厚度较大的岩层节理等结构面发育较少,厚度较小的岩层节理等结构面发育较多。这是因为岩石受力作用时,是以层为受力单位的,厚度大的岩层,其横断面亦大,使厚层岩石发生破裂,必须有较大的应力差,故需在较大的空间内聚集力量。反之,较薄的岩层发生破裂时所需的应力差较小,其中的节理密度则较大。另外,地下的岩层受围压影响,层与层之间普遍存在摩擦力,因此是一个统一的应变系统。当岩层受力达到强度极限时,将出现破裂,但是,当任何一个局部的破裂都不足以使应力全部得到释放时,其他部位仍将处于受力状态。随着应力逐渐积累,岩层之中还会继续产生破裂,这就是节理为什么成群出现的原因。在岩性和厚度比较稳定的情况下,其间距也是比较固定的,从而造成节理的等距性。

7.1.2.2 岩体完整性评价

影响岩体完整性的因素很多,其中关键因素是岩体中结构面的发育程度及结构面的性状特征。根据有关规范结合本地区的实际地质条件,将工程区岩体完整程度定性划分为完整、较完整、较破碎、破碎和极破碎,主要特征见表 7-3。

表 7-3　岩体完整性分级表

完整性分级	结构面发育程度		主要结构面的结合程度	主要结构面类型	相应结构类型
	组数	平均间距（m）			
完整	1~2	>1.0	结合好	节理、裂隙	块状或次块状结构
较完整	2~3	1.0~0.4	结合好或结合一般	节理、裂隙	厚层状结构
较破碎	≥3	0.2~0.4	结合好	构造节理、小断层	镶嵌碎裂结构
			结合一般		中厚层、薄层结构
破碎	>3	≥0.2	结合差	各种类型结构面	裂隙块状结构
		<0.2			碎裂结构
极破碎	—	—	结合差	—	散体结构

7.2　结构面方位特征

7.2.1　雅砻江流域的结构面

出露的基岩岩性主要有砂、板岩地层,节理延伸较短,且很少切穿板岩,节理面平直光滑或平直粗糙。节理的发育特征与所处的构造部位及岩性密切相关。野外统计结果表明:坝址区内靠近褶皱轴部,小断层的节理裂隙较其他部位发育,一般发育 3 组以上节理,节理发育密度大。砂、板岩层中节理发育特征有一定差别,一般发育在砂岩中的节理张开度、延伸长度均大于板岩,而板岩中的节理发育短小,但节理密度明显大于砂岩。

7.2.1.1 阿达坝址

在阿达坝址附近,地表主要发育以下几组节理裂隙:①走向 310°~320°,倾向 NE,倾角多数以缓倾角为主,在 5°~35°,节理面平直光滑,宽约 1 mm,充填钙膜,少数无充填物,延伸长度大多为 1~2 m 以上,节理密度 2~4 条/m;②走向约 350°,倾向 NE 或 SW,倾角 74°~85°,少数 50°~70°,节理宽 1~2 mm,少数 3~10 mm,充填泥膜,延伸长度 1.5~2 m,节理密度 2~5 条/m;③走向 50°~60°,倾向以 SE 为主,倾角 60°~70°,节理面平直光滑,宽度一般为 1~2 mm,充填以石英为主,延伸长度 0.7~1.5 m,节理密度 1~2 条/m;④走向约 70°,倾向 NW,倾角 80°,节理面平直粗糙或波状粗糙,大部分闭合无充填物,少数宽约 1 mm,泥膜充填,延伸长度 0.2~1 m,密度约 2 条/m。

坝线左右两岸平洞揭示的节理裂隙主要有以下几组:①走向 5°~25°,倾向 SE 或

NW,倾角 65°~75°,裂隙面平直光滑,宽度一般为 1~3 mm,充填钙膜,延伸长度 1.5~2 m,节理密度 2 条/m;②走向 275°~295°,倾向 NE,倾角一般为 55°~62°,在左岸平洞倾角较缓,为 10°~15°,节理面平直光滑,宽度 1~3 mm,充填钙膜,延伸长度 2~12 m,节理密度 2~3 条/m;③走向 300°~310°,倾向 NE,倾角 55°~75°,节理面平直光滑,宽 2~5 mm,最大为 8 mm,充填钙膜及泥膜,延伸长度一般大于 2 m,节理密度 1~2 条/m;④走向 120°~140°,倾向 NE,倾角 40°~65°,节理面平直光滑,宽 3~5 mm,充填方解石,延伸长度大于 2 m,节理密度 2~5 条/m。

阿达坝址的节理方向以 310°~320°和 50°~70°为主,即以北西向和北东向为主。

7.2.1.2　博爱坝址

坝址区节理发育的优势方向为 20°~60°,基本上和岩层的倾向相同,节理延伸长度 0.2~0.8 m,节理密度为 3~6 条/m;次优势方向为走向 310°~320°,延伸长度 0.3~3 m,节理密度为 4 条/m。

从上述统计资料中可以看出,三叠系砂、板岩地层中主要发育两组节理,主要为北东向和北西西向:

北东向:①走向 45°~65°,节理密度为 3~6 条/m;②走向约 70°,节理密度约为 2 条/m;③走向 20°~60°,节理密度为 3~6 条/m。

北西西向:①走向 310°~320°,节理密度为 2~4 条/m;②走向约 350°,节理密度为 2~5 条/m;③走向 275°~290°,节理间距 0.1~0.5 m。

7.2.2　达曲流域结构面特征

7.2.2.1　然充坝址的节理特征

在岳沟、然充沟、威千沟以及坝址附近进行了节理统计,坝址区主要发育 6 组节理(见图 7-1),其中走向 NE 的节理较走向 NW 的节理发育。

节理主要发育于砂岩中,一般不切穿板岩,板岩中节理发育程度相对较差。砂岩层中节理间距与所在岩层厚度有关,节理延伸长度为 0.2~3 m,主要为剪节理,倾角多大于 60°,节理一般闭合—微张,少数张开,大部分充填泥质、钙质、石英脉或方解石脉,隙宽 0.1~10 mm,少数 5~80 mm,平均裂隙率为 1.05%。

坝区节理一般平直光滑或平直粗糙,裂隙宽度一般 0~5 mm,无充填或充填钙膜、泥膜。根据坝肩节理统计,节理一般平直光滑,部分闭合,无充填,节理长度一般为 15~35 cm,节理密度约为 10 条/m,总体上属中等发育。

7.2.2.2　阿安坝址

根据坝址区基岩露头节理裂隙调查,阿安坝址节理裂隙主要有以下特征:

(1)坝址区主要发育走向 70°~90°和 275°~295°两组节理(见图 7-2),走向 20°~45°和 325°~340°两组节理发育次之,其他方向节理发育较差。

(2)坝址内节理主要发育于砂岩中,一般不切穿板岩,板岩中节理发育程度相对较差,节理密集,其延伸长度往往较短;砂岩中节理间距相对较大,其延伸长度较长,一般节理长度为 1~3 m。

(3)坝址区节理多为剪节理,节理倾角一般大于 60°,部分为 30°~60°,少数为小于

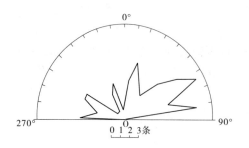

图 7-1　节理玫瑰花图

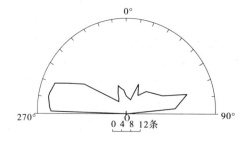

图 7-2　坝址区节理走向玫瑰花图

30°的缓倾角节理。节理一般裂隙宽 0.1 ~ 3 mm,少数可达 10 mm,多为闭合——微张,大部分被石英脉或泥钙质充填。

7.2.2.3　申达坝址节理特征

根据坝址区基岩露头节理裂隙统计分析,申达坝址构造裂隙主要有以下特征:

(1)坝址区走向 45° ~ 55°、270° ~ 280°和 310° ~ 320°三组节理比较发育,走向 10° ~ 20°和 75° ~ 85°两组节理次之,其他方向节理发育较差。

(2)坝址内节理主要发育于砂岩中,一般不切穿板岩,板岩中节理发育程度相对较差,节理密集,其延伸长度往往较短;砂岩中节理延伸长度较长,一般节理长度为 0.3 ~ 1.8 m。

(3)坝址区节理多为剪节理,节理倾角一般大于 60°,部分为 30° ~ 60°,少数为小于 30°的缓倾角节理。节理裂隙一般闭合——微张,大部分被石英脉、泥钙质充填或无充填,裂隙宽 0.1 ~ 5 mm,少数大于 10 mm。

7.2.2.4　达曲—泥曲之间的节理裂隙

受区域构造应力场控制,达曲—泥曲之间构造节理发育方向明显与构造应力方向及其作用方式有关,并与褶皱、断层等构造配套。一般褶皱翼部主要发育剪节理,且闭合程度较高;轴部及转折部位,裂隙相对开启,张节理发育;构造复合部位,应力较强,裂隙率较高。

根据节理裂隙统计结果,该区间主要发育斜交构造线的"X"型共轭节理,节理产状分别为 150° ~ 194°∠50° ~ 60°、310° ~ 350°∠37° ~ 55°,将岩石分割成菱形块体。节理长度一般 0.2 ~ 4 m,张开宽度 0.1 ~ 3 cm,裂隙密度 6 ~ 26 条/m,裂隙率为 1.2% ~ 9.6%,个别 17.1%。节理面平直、光滑,多以闭合的微裂隙形式出现,一般无充填或部分充填泥质、石英脉、方解石。此外,线路区还发育有 210°∠45°、3° ~ 20°∠3° ~ 85°等几组节理,节理长度一般为 0.5 ~ 2 m,宽度为 0.1 ~ 0.3 cm,裂面微波状,充填有方解石,裂隙密度 3 ~ 8 条/m。

7.2.3　泥曲河段的节理特征

7.2.3.1　章达坝址

据野外节理裂隙调查统计,坝址区主要发育三组节理裂隙(见图 7-3):走向 315°,倾向 SW 或 NE,倾角 25° ~ 40°,裂隙密度 6 条/m;走向 40° ~ 65°,倾向 SE 或 NW,倾角 40° ~

80°,裂隙频数 2 ~ 10 条/m;走向 325° ~ 345°,倾向 SW 或 NE,倾角 45° ~ 75°,裂隙密度 1.5 ~ 7 条/m。节理多为剪节理,一般呈闭合或微张状,充填物以泥质、钙质为主,其次为石英。坝区内节理主要发育于砂岩中,一般不切穿板岩,延伸长度与砂岩岩层厚度有关;板岩中裂隙发育多短小,一般不切穿砂岩,长度多为 0.1 ~ 0.3 m。节理裂隙总体上属不发育—中等发育。

7.2.3.2　仁达坝址

根据野外节理裂隙调查统计,坝址区主要发育三组节理(见图 7-4):走向 60° ~ 85°,倾向 NW 或 SE,倾角 65° ~ 85°,裂隙密度 6 ~ 8 条/m;走向 350° ~ 359°,倾向 NE 或 SW,倾角 60° ~ 83°,裂隙密度 3 ~ 5 条/m;走向 290° ~ 315°,倾向 NE 或 SW,倾角 65° ~ 80°,裂隙密度 2 ~ 3 条/m。坝址区内节理总体属中等发育,砂岩中多为陡倾角的剪节理,壁面为平直粗糙和粗糙类型,延伸长度 30 ~ 60 cm,多闭合或微张,以钙质或泥质充填为主,少量石英脉充填;板岩中节理大多延伸较短,多充填钙质或闭合。

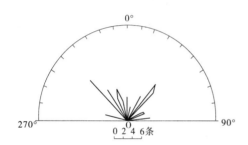

图 7-3　章达坝址节理玫瑰图

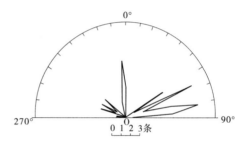

图 7-4　仁达坝址节理走向玫瑰图

7.2.3.3　纪柯坝址

坝址区裂隙发育程度总体上属完整—不发育,局部中等发育,主要发育有三组节理(见图 7-5):第一组走向 60° ~ 80°,倾向 SE 或 NW,倾角 60° ~ 90°,裂隙密度 2 ~ 12 条/m,裂隙率一般为 0.13% ~ 0.9%,个别为 4% 左右;第二组走向 340° ~ 355°,倾向 SW 或 NE,倾角 40° ~ 70°,裂隙密度为 2 ~ 8 条/m,裂隙率 0.13% ~ 0.85%。第三组走向 290° ~ 305°,倾向 NW 或 SW,倾角 50° ~ 80°,裂隙密度 2.5 ~ 8 条/m,裂隙率 0.13% ~ 0.7%。

节理主要发育于砂岩中,一般不切穿板岩,砂岩中节理长度多为 0.5 ~ 3 m。板岩裂隙发育多短小,一般不切穿砂岩,长度多为 0.2 ~ 0.3 m。节理多为剪节理,倾角一般大于60°,闭合—微张,石英、方解石脉或泥质、钙质充填。

7.2.3.4　泥曲—杜柯河之间的节理裂隙

通过地表及探洞内节理裂隙调查统计,本区构造节理受区域构造和大的断裂以及岩性的控制,主要发育有三组节理(见表 7-4),总体上属中等发育。节理面以平直光滑为主,节理倾角大多在 50° 以上,属陡倾角节理。裂隙发育程度受岩性、岩性组合、岩石单层厚度抑制,一般板岩大于砂岩,薄层大于厚层,随深度增加,裂隙发育程度亦相应减弱。

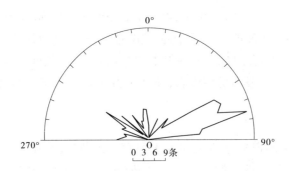

图 7-5　纪柯坝址节理玫瑰图

表 7-4　节理主要特征统计表

序号	产状	主要特征
1	280°~350° ∠15°~75°	裂面平直、光滑,多数以闭合的微裂隙形式出现,无充填物,少部分充填泥质、石英脉、方解石,延伸长度一般为 0.1~3 m,裂隙密度一般为 5~15 条/m
2	120°~170° ∠40°~75°	裂面平直、光滑,多数以闭合的微裂隙形式出现,无充填物,少部分充填泥质、石英脉、方解石,延伸长度一般为 0.1~3 m,裂隙密度一般为 5~15 条/m
3	10°~60° ∠10°~58°	裂面平直、微波状,无充填或充填泥质,延伸长度 0.5~3.5 m,裂隙密度一般为 5~8 条/m

7.2.4　色曲洛若坝址的节理

根据坝址区基岩露头调查和统计分析(节理裂隙玫瑰花图见图 7-6),洛若坝址主要发育四组节理。

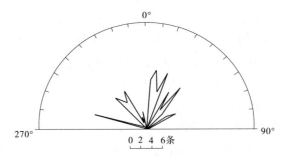

图 7-6　洛若坝址节理裂隙玫瑰花图

走向 6°~25°,倾向 NW 或 SE,倾角 50°~80°,节理面平直粗糙,无充填或泥质、钙质充填,节理延伸长度为 0.2~1.0 m,张开 1~5 mm 不等,节理密度为 6 条/m;走向 285°,倾向 NE,倾角 75°,节理面平直粗糙,充填石英,节理延伸长度为 0.6~1.5 m,张开 1~5 mm不等,节理密度为 7 条/m;走向 314°,倾向 NE,倾角 70°,节理面平直粗糙,充填石英,节理延伸长度为 0.3 ~ 0.8 m,张开 1 ~ 2.5 mm,节理密度为 4 条/m;走向 329°的节理,倾向 NE 或 SW,倾角 55° ~ 75°,节理面平直粗糙,无充填或泥质、钙质充填,节理延伸长度为 0.4 ~ 1.2 m,张开 1 ~ 5 mm 不等,节理密度为 5 条/m。其他方向节理不发育。

7.2.5　杜柯河流域的节理特征

7.2.5.1　上杜柯附近及易朗沟的节理

根据上杜柯附近 15 个节理裂隙点的统计结果(见表 7-5),该区主要发育五组节理,其中 1、4 组节理较为发育,其他几组发育较差。库区节理主要为剪节理,一些早期张节理经充填形成雁列构造,节理倾角多大于 60°,主要发育于砂岩中,一般不切穿板岩,延伸长度与砂岩层厚度有关,一般为 0.2 ~ 3 m,板岩中节理多短小,节理宽度一般为 1 ~ 10 mm,平均裂隙率为 1.08%,总体上属中等发育。

区内褶皱轴部和断层影响带内普遍发育劈理构造,但不同岩性中劈理的发育程度明显不同。一般地,厚层砂岩中劈理不太发育,板岩中可形成强化劈理带。

表 7-5　上杜柯附近节理裂隙分组特征

项目	节理组号				
	1	2	3	4	5
走向	40° ~ 50°	23° ~ 30°	0° ~ 10°		280° ~ 290°
倾向	NW 或 SE	NW 或 SE	SE 或 NW	NE 或 SW	NE 或 SW
倾角	60° ~ 70°	65° ~ 80°	30° ~ 50°	40° ~ 50°	75° ~ 80°
裂隙长度(m)	1 ~ 3	>1	0.3 ~ 0.8	1.5	0.1 ~ 0.6
裂隙宽度(mm)	0 ~ 1	0 ~ 3	0 ~ 1	0 ~ 1	0 ~ 3
裂隙间距(m)	0.2 ~ 0.3	0.1 ~ 0.4	0.1 ~ 0.3	0.1 ~ 0.2	0.05 ~ 0.2
节理面特征	平直光滑	平直光滑	平直光滑	平直光滑	平直或弯曲光滑
充填物	钙质、铁质、泥质、石英脉等	钙质、泥质等	钙质、泥质等	钙质、铁质、泥质、石英脉等	钙质、泥质等

7.2.5.2　珠安达坝址节理特征

根据坝址区 9 个基岩露头点的节理统计结果(见表 7-6),坝址区砂岩和板岩中的节理发育程度没有明显差异,节理长度多数大于 2 m。从裂隙宽度来看,多数裂隙闭合或小于 1 mm,少数裂隙宽度为 1 ~ 3 mm,极少数大于 5 mm,泥钙质、石英脉或方解石充填。其中,以走向 65°和 315°两组最为发育(见图 7-7)。

7.2.5.3　上杜柯坝址的节理特征

根据节理裂隙统计结果,坝址区节理裂隙在多期构造应力的作用下,空间分布上呈网状格式,大致发育有 5 组节理,其走向分别为 320° ~ 340°、40° ~ 50°、280° ~ 290°、近 SN 和 70° ~ 85°,其中前 3 组剪节理较为发育,第四组和第五组节理发育较差。各组节理的主要特征简述如下:

表 7-6　珠安达坝址节理统计表

编号	岩性	产状	节理面特征	宽度	长度	充填物	裂隙密度（条/m）	裂隙率（%）
JD1	砂、板岩互层	倾向 NE，倾角 30°、72°	平直粗糙	多数闭合	多数大于 2 m，个别 0.45 ~ 1.6 m	无	4.5	0.25
JD2	砂岩	倾向 345°、70°倾角 60°、72°	平直光滑	多数闭合	0.2 ~ 1.8 m，个别大于 2 m	无充填或泥质充填	7.5	0.1
JD3	闪长岩	倾向 65°、155°倾角 15°、62°	平直光滑	1 mm 或闭合	多数大于 1 m，个别 0.3 ~ 0.8 m	无	10	0.37
JD4	板岩	倾向 SW 或 NE倾角 35° ~ 85°	平直光滑	0.1 ~ 2 mm	多数大于 2 m	泥质充填	9.5	1.15
JD5	板岩夹砂岩	倾向 231°、312°倾角 55°、90°	平直粗糙	多数闭合	0.3 ~ 2.0 m，个别大于 2 m	泥质充填	5	0.015
JD6	砂岩	倾向 150°、335°倾角 30°、60°	平直光滑、弯曲粗糙	1 ~ 3 mm	0.5 ~ 1.6 m，个别大于 2 m	多泥质、钙质充填	7.5	0.71
JD7	板岩	倾向 265°、103°倾角 71°	平直粗糙	1 ~ 7 mm，少数闭合	0.2 ~ 0.5 m	泥钙质充填	4	0.23
JD8	闪长岩	倾向 360°倾角 22°、65°	平直粗糙	1 ~ 5 mm	大于 2 m	泥钙质充填	7	2.1
JD9	砂岩	倾向 280°倾角 72°	平直粗糙	0.2 mm	大于 2 m	泥钙质充填	2.5	1.9

第一组，走向 320° ~ 340°，倾向 NE，倾角约 70°，节理延伸长度多为 1 ~ 1.5 m，裂隙宽度多为 1 ~ 3 mm，充填钙膜及泥膜，裂面平直光滑，统计点节理密度为 18 ~ 25 条/m。

第二组，走向 40° ~ 50°，倾向 NW 或 SE，倾角为 43° ~ 75°，节理延伸长度大多为 0.5 ~ 1.0 m，裂隙宽度为 1 mm 左右，裂隙面光滑，充填泥膜及钙膜，也有无充填的，节理密度为 3 ~ 5 条/m。

第三组，走向为 280° ~ 290°，倾向 NE 或 SW，倾角较大，多为 75° ~ 85°，最小为 55°，节理延伸长度大多在 1 m 以上，最长的达 5 m 以上，裂隙宽度 1 ~ 2 mm，最大达 10 mm、充填

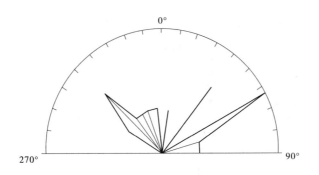

图 7-7　珠安达坝址节理玫瑰花图

铁膜,石英脉岩,节理面平直光滑,节理密度为 6 ~ 15 条/m。

第四组,走向近 SN,倾角多在 80° 以上,节理延伸长度一般大于 0.5 m,宽度 1 ~ 2 mm,无充填,节理面粗糙,节理密度为 2 ~ 5 条/m,属张节理。

第五组,走向 70° ~ 85°,近直立,节理延伸长度 0.3 ~ 1.3 m,宽度一般为 0 ~ 2 mm,无充填或泥质充填,节理面粗糙,为张性节理,节理密度为 1 ~ 9 条/m。

7.2.5.4　加塔坝址节理裂隙

根据对 16 个节理裂隙点的统计结果(见表 7-7),坝址区主要发育以下四组节理:走向 5° ~ 10°,倾向 NW,倾角 45° ~ 75°;走向 25° ~ 30°,倾向 SE,倾角 65° ~ 85°;走向 270° ~ 275°,倾向 SW,倾角 63° ~ 89°;走向 310° ~ 315°,倾向 SW,倾角 50° ~ 80°。

其中,以第二组节理最为发育,节理倾角多大于 60°,缓倾角节理不发育。节理总体上属中等发育,且多发育于砂岩中,板岩中节理发育程度相对较差。节理延伸长度一般为 0.2 ~ 3 m,多呈闭合—微张,部分裂隙宽度为 0.1 ~ 10 mm,一般无充填,部分充填泥质、钙质或石英脉,平均裂隙率为 1.05%,主要为剪节理。

此外,受区域构造作用,坝址区岩层变形强烈,劈理非常发育。砂岩中劈理一般不连续,多顺层发育,劈理间隔 10 cm 左右,将砂岩切成薄层状。板岩中劈理较为连续,劈理间隔较小。

表 7-7　加塔坝址节理裂隙统计

编号	总条数	节理特征	裂隙密度(条/m)	裂隙率(%)
1	6	长度为 0.20 ~ 2 m,最长大于 2 m,闭合—微张,节理面平直光滑,泥质、钙质充填	6	0.71
2	21	长度为 0.06 ~ 1.5 m,最长大于 1.5 m,闭合—微张,个别张开,充填泥质或方解石脉,少数无充填	10	1.68
3	15	长度为 0.4 ~ 1.8 m,最长大于 2 m,闭合—微张,节理面平直光滑,泥质充填,少数充填石英脉	7	0.56
4	11	长度为 0.1 ~ 1.0 m,闭合—微张,节理面弯曲粗糙,多数泥质、钙质充填,少数充填方解石、石英脉	11	0.82

续表 7-7

编号	总条数	节理特征	裂隙密度（条/m）	裂隙率（%）
5	11	长度为 0.2~1.0 m,最长大于 1 m,闭合—微张,个别张开,泥质、钙质充填,少数充填石英脉	11	1.95
6	14	长度为 0.1~1.0 m,闭合—微张,个别张开,泥质、钙质充填	9	0.51
7	12	长度为 0.2~1.0 m,闭合—微张,泥质、钙质充填	8	0.52
8	21	长度为 0.15~1.5 m,最长大于 1 m,节理面平直光滑,泥质、石英充填,少数无充填	14	1.84
9	12	长度为 0.3~0.77 m,微张—张开,节理面平直光滑,无充填或表面有钙膜	6	1.1
10	22	长度为 0.3~1.2 m,闭合—微张,个别张开,节理面平直粗糙或平直光滑,少数弯曲粗糙,泥质、钙质充填	14	3.59
11	18	长度为 0.2~1.5 m,最长大于 1.5 m,闭合—微张,节理面平直光滑或粗糙,泥质充填	12	0.85
12	17	长度为 0.08~2 m,最长大于 2 m,闭合—微张,个别张开,节理面平直光滑或弯曲光滑,多数无充填,少数泥质、钙质充填	8	0.90
13	15	长度为 0.2~2 m,个别大于 2 m,闭合—微张,个别张开,节理面平直光滑或平直粗糙,多数泥质充填,少数无充填	7	0.84
14	16	长度为 0.12~1.44 m,闭合,节理面平直光滑,无充填	5	0
15	4	长度为 1.4~1.5 m,闭合—微张,个别张开,节理面平直光滑,无充填	3	0.20
16	14	长度为 0.1~1.0 m,闭合—微张,节理面平直光滑,泥质充填	14	0.72

7.2.5.5 杜柯河—玛柯河之间的节理裂隙

根据对不同地点的节理裂隙统计,区内节理裂隙发育有如下特点:不同的构造部位岩层节理发育程度不同,断层带、构造破碎带中节理发育程度明显高于其他构造部位,且区内发育多期节理构造。

根据节理裂隙调查统计,线路区主要节理发育的优势方位有 4 组,最为发育的一组节理走向为 30°~40°,其次是 280°~290°,再次是 320°~330°,最后是 20°~30°。节理统计表明线路区节理多属剪节理,裂隙宽度为 0 ~ 10 mm,充填物为石英脉、钙质、泥质,延伸长度一般小于 3.0 m。

砂岩层中节理裂隙延伸长度大于板岩,且裂隙宽度一般大于板岩。板岩层中节理多短小,节理多呈闭合或微张,部分被钙质、泥质薄膜及石英脉、方解石充填,多为陡倾角的剪节理,张节理较少见。

统计节理密度一般为 6 ~ 16 条/m,裂隙率 0.14% ~ 4.36%,裂隙发育程度总体上属中等发育—发育。在断层带、构造破碎带上节理更为发育,裂隙率高,岩体的完整性受到破坏。

7.2.6　玛柯河的节理特征

7.2.6.1　贡杰坝址的节理特征

本坝址区共统计 10 组节理,根据节理特征统计分析表(见表 7-8),节理发育特征为:坝区节理总体上为较发育—发育,主要有四组节理,按发育程度依次为:第一组走向 295° ~ 303°,倾向 NE,倾角为 25° ~ 85°;第二组走向 340° ~ 11°,倾向 NE,倾角 68° ~ 85°;第三组走向 274° ~ 293°,倾向 SE 或 SW,倾角为 34° ~ 87°;第四组走向 34° ~ 50°,倾向 SE 或直立,倾角多为 65° ~ 90°。

表 7-8　贡杰坝址节理裂隙特征分析表

编号	产状	长度	宽度	充填物	节理面特征	裂隙密度（条/m）	单组裂隙发育程度
JD1	倾向 NE 或 SW,倾角 25° ~ 50°	0.5 ~ 1.5 m,少数大于 2 m	多数 1 ~ 3 mm,少数闭合	泥质、钙质或无充填	平直光滑	4.5	发育
JD2	倾向 NW 或 NE,倾角 65° ~ 68°	0.5 ~ 1.7 m	1 ~ 3 mm	泥质、钙质或无充填	平直光滑,少数粗糙	3.5	发育
JD3	倾向 WN 或 SE,倾角 24° 或 66° ~ 85°	0.4 ~ 1.1 m	1 ~ 3 mm,少数为 5 mm	泥质	平直光滑,粗糙	2	较发育
JD4	主要倾向 W 或 ES,倾角 58° ~ 66°	0.5 ~ 1.9 m	多数 1 ~ 3 mm,少数闭合	泥质、石英	平直光滑	5	发育
JD5	倾向 NE 或 SW,倾角 34° 或 85°	0.5 ~ 1.5 m	1 ~ 8 mm	无充填	平直光滑,粗糙	2	较发育
JD6	倾向 NE 或 SE,倾角 83° ~ 85°,	0.3 ~ 1.4 m	1 ~ 5 mm	无充填	平直光滑,粗糙	4	发育
JD7	倾向 NW 或直立,倾角 56° ~ 90°	1.2 ~ 2 m,少数大于 2 m	1 ~ 3 mm	石英或无充填	平直光滑,粗糙	5	发育
JD8	主要倾向 SE,倾角 78°	多数大于 2 m	1 ~ 5 mm	泥质、石英	平直光滑	5.5	发育

续表 7-8

编号	产状	长度	宽度	充填物	节理面特征	裂隙密度（条/m）	单组裂隙发育程度
JD9	倾向 NW 或直立，倾角 34°或 90°	0.8 ~ 1.1 m	1 ~ 2 mm	无	平直光滑	2	较发育
JD10	主要倾向 SW 或 SE，倾角 8°~87°	0.4 ~ 1.2 m 少数大于 2 m	1 ~ 2 mm	无	平直光滑	15	发育

注：统计面积为 2 m×2 m。

节理主要发育于砂岩中，一般不切穿板岩，节理长度一般为 0.4 ~ 1.5 m，部分大于 2 m。

区内节理多为剪节理，节理倾角一般大于 60°，少数小于 50°。节理一般闭合—微张，宽度为 0 ~ 3 mm，大部分被泥质、钙质及石英充填，少数无充填，节理面大部分平直光滑或平直粗糙。

7.2.6.2 亚尔堂坝址节理特征

根据坝址区基岩露头节理裂隙结果（见表 7-9）。坝址主要发育四组节理：第一组走向 NW310°，倾向 NE 或 SW，倾角多数为 10°~20°，少数大于 44°；第二组走向 NW330°，倾向 SW，倾角 25°~60°；第三组走向 NE30°，倾向 NW 或 SE，倾角多数为 70°~85°，少数为 30°~55°；第四组走向 NE70°~80°，倾向 NW 或 SE，倾角 30°~40°，四组节理中以第三组最发育，其次为第四组，其他两组较差。

表 7-9　亚尔堂坝址节理裂隙调查统计分析

编号	产状	长度	隙宽	充填物	节理面特征	裂隙密度（条/m）	裂隙率（%）
JD1	主要倾向 NE 或 NW，倾角 42°~56°，少数为 7°	0.3 ~ 1.5 m，最长大于 2 m	0 ~ 2 mm，最宽 20 mm	泥质或方解石	平直光滑，少数起伏粗糙	11.5	1.30
JD2	倾向 NW 或 SE，倾角 88°或 40°	0.15 ~ 1.4 m 最长大于 2 m	0 ~ 3 mm	方解石	平直光滑	9.5	2.00
JD3	倾向 SE 或 NW，倾角 24°或 52°~76°	0.45 ~ 1.5 m 最长大于 2 m	3 ~ 6 mm 少数闭合	无充填或方解石	平直光滑，少数起伏光滑	6.5	1.50
JD4	主要倾向 NW，倾角 78°~81°	多数大于 2 m	1 ~ 3 mm	钙质薄膜	平直光滑	3.5	0.42
JD5	主要倾向 NW，倾角 33°~76°	0.23 ~ 1.26 m	0.2 ~ 0.5 mm 最宽 2 mm	无充填，少数石英脉	平直光滑或平直粗糙	6.5	0.10

续表 7-9

编号	产状	长度	隙宽	充填物	节理面特征	裂隙密度（条/m）	裂隙率（%）
JD6	倾向 NW 或 SW，倾角 85°或 7°~20°	0.32~1.6 m 最长大于 2 m	多数闭合	无充填或钙质薄膜	平直光滑或平直粗糙	6.0	0.11
JD7	倾向 NE，倾角 21°	2 m	1 mm	无充填	平直光滑	1.5	0.15
JD8	主要倾向 SE，倾角 80°~85°	0.42~2 m 最长大于 2 m	0.5 mm	钙质薄膜	平直光滑	2.5	0.07
JD9	倾向 E 或 SW，倾角 79°或 30°	0.4~2 m	0~3 mm	无充填或方解石、氧化膜	平直光滑	9.5	0.61
JD10	主要倾向 E，倾角 70°	0.3~2 m	0~3 mm，最宽 5 mm	方解石、泥质，少数无充填	平直光滑或起伏粗糙	16	2.14
JD11	主要倾向 NW，倾角 80°或 30°	0.3~2 m	0~4 mm	无充填或泥质、钙质薄膜	平直光滑	13	1.02
JD12	走向 NW，倾角 90°	0.38~1 m	0~7 mm 最宽 10~20 mm	石英，少数无充填	平直光滑，少数平直粗糙	6	1.14
JD13	倾向 NW，倾角 38°	0.4~0.8 m	1~5 mm	泥质，少数方解石	平直粗糙	6.5	0.57
JD14	倾向 NW，倾角 13°~72°	0.4~2 m	1~3 mm	泥质或方解石、钙膜	平直光滑	9.5	0.91
JD15	倾向 SE 或 NW，倾角 23°或 77°~85°	0.2~0.6 m 最长大于 2 m	0~1 mm 最宽 5~10 mm	钙质薄膜	平直光滑	4	0.84
JD16	倾向 SE 或 NW，倾角 70°或 40°~55°	1~1.5 m	1~2 mm	泥质或无充填	平直光滑或平直粗糙	5	0.14
JD17	倾向 SW，倾角 25°或 76°	0.6~2 m	小于 1 mm	无充填	平直光滑或平直粗糙	9.5	0.67

注:统计面积为 2 m×2 m。

坝址内节理主要发育于砂岩中，板岩裂隙发育较差，砂岩中裂隙一般不切穿板岩。根据现场统计分析，节理间距小，其延伸长度往往较短；节理间距大，其延伸长度较长，一般节理长度为 0.3~1.5 m，最长大于 3 m。

坝址区节理多为剪节理，节理倾角一般大于 60°，部分为 30°~55°，少数为小于 20°的缓倾角节理。节理裂隙一般闭合—微张，大部分被方解石脉或泥质、钙质充填，裂隙充填程度主要为全充填或部分充填，少数裂隙为无充填。裂隙宽一般为 0.1~3 mm，少数为 10~20 mm，节理面大部分平直光滑，少数平直粗糙或起伏粗糙。

综上所述，亚尔堂坝址区 NE 向节理较发育，NW 向节理发育较差，坝址岩石主要受 NE 向 30°和 70°~80°两组节理控制。根据节理密度、裂隙率，坝址节理裂隙发育程度总体上属中等发育，岩体裂隙程度大部分为完整，少数为不发育—中等发育。

7.2.6.3 扎洛坝址

根据坝址区基岩露头节理特征统计分析（见表 7-10），扎洛坝址构造裂隙主要特征为：区内 NE 向节理较为发育，NW 向发育较差。其中，以走向 40°~60°的一组节理最为发育，其次为走向 10°~30°的节理；NW 向主要发育 300°~310°和 340°~350°两组节理。

表 7-10　扎洛坝址节理裂隙调查统计分析

编号	总条数	节理特征	裂隙密度（条/m）	裂隙率（%）
1	17	长度为 0.25~2 m，最长大于 3 m，闭合—微张，节理面平直光滑，无充填或充填石英脉	5	0.2
2	17	长度为 0.5~1.7 m，闭合—微张，个别张开，充填泥质或石英脉，少数无充填	6	0.76
3	12	长度为 0.5~2.2 m，最长大于 3 m，闭合—微张，个别张开，充填泥质或无充填	5	0.56
4	12	长度为 1.5~3 m，最长大于 3 m，闭合—微张，个别张开，多数无充填，少数充填石英脉	5	0.21
5	7	长度为 0.8~1.5 m，闭合—微张，无充填或充填泥质、石英脉	5	0.4
6	13	长度为 0.35~0.8 m，微张，个别张开，多数充填泥质，少数充填方解石脉	5	1.1
7	22	长度为 2~3 m，多数大于 3 m，微张—张开，多数充填泥质，少数无充填	5	3.7
8	12	长度为 0.5~1.8 m，闭合—微张，个别张开，节理面平直光滑或微弯曲，充填泥质或无充填	8	2.6
9	16	长度为 0.3~2.4 m，闭合—微张，个别张开，节理面平直光滑或弯曲，充填方解石脉或泥质	7	2.7

续表 7-10

编号	总条数	节理特征	裂隙密度（条/m）	裂隙率（%）
10	15	长度为 0.4 ~ 1.7 m,闭合—微张,个别张开,节理面弯曲或平直光滑,充填石英脉或泥质,少数无充填	7	6
11	17	长度为 0.5 ~ 2 m,闭合—微张,节理面平直光滑或粗糙,充填钙质或泥质	5	0.5
12	29	长度为 0.3 ~ 2 m,闭合—微张,节理面平直粗糙或弯曲粗糙,钙质充填或泥质充填	9	0.7
13	11	长度为 0.6 ~ 2 m,多数大于 2 m,闭合—微张,个别张开,节理面平直粗糙或弯曲粗糙,无充填或充填石英脉或泥质	4	0.7
14	14	长度为 1.2 ~ 2 m,部分大于 2 m,闭合—微张,节理面平直粗糙或弯曲粗糙,充填钙质或泥质或无充填	5	0.8
15	19	长度为 0.4 ~ 1 m,最长大于 1 m,闭合—微张,节理面平直光滑或弯曲光滑,无充填或充填钙泥质	15	0.5
16	15	长度为 1 ~ 2 m,最长大于 2 m,闭合—微张,节理面平直粗糙,充填钙质、泥质	5	1.0
17	13	长度为 0.4 ~ 2 m,最长大于 2 m,闭合—微张,节理面平直粗糙,充填石英脉或钙质、泥质	4	0.8
18	14	长度为 0.6 ~ 2 m,多数大于 2 m,闭合—微张,个别张开,节理面平直粗糙或弯曲粗糙,充填钙质、泥质或石英脉	5	1.0
19	14	长度为 0.4 ~ 2.2 m,闭合—微张,节理面平直光滑或弯曲粗糙,充填泥质或无充填	6	0.3

节理主要发育于砂岩中,一般不切穿板岩,节理密集,节理长度为 1 ~ 3 m。

坝址区节理多为剪节理,节理倾角一般大于 60°,少数为小于 30°的缓倾角节理。节理裂隙一般闭合—微张,大部分被石英脉或泥质、钙质充填,裂隙宽度为 0.1 ~ 3 mm,少数为 10 ~ 20 mm。

根据节理裂隙密度、裂隙率及单组节理间距,测区节理裂隙总体属中等发育,岩体裂隙程度大部分为完整,少数为不发育—中等发育。

7.2.6.4　班前坝址

根据节理特征统计分析(见表 7-11),班前坝址区节理总体上较发育—发育,其中 NE 向节理是控制岩体完整性的主要结构面,NW 向节理发育较差。节理发育特征如下。坝区主要发育四组节理,第一组走向 290° ~ 300°,倾向 NE,倾角为 3° ~ 22°;第二组走向

350°~0°,倾向 W,倾角 33°或 77°;第三组走向 10°~20°,倾向 SE 或 NW,倾角为 21°~
83°;第四组走向 40°,倾向 NW,倾角多为 80°~85°。其中,以第三组最发育,其次为第四
组,其他两组发育较差。

表 7-11　班前坝址节理裂隙调查统计分析

编号	产状	长度	隙宽	充填物	节理面特征	裂隙密度 (条/m)	单组裂隙 发育程度
JD1	倾向 SE 或 SW, 倾角 33°~56°	大于 2 m	多数闭合, 少数 1~3 mm	泥质或 无充填	平直光滑	8	较发育
JD2	倾向 NW,倾角 83°	0.4~1.6 m, 最长大于 2 m	0~3 mm	无充填	多数平直光 滑,少数平 直粗糙	5	较发育— 发育
JD3	倾向 SE 或 NW, 倾角 24°或 52°~ 76°	0.78~2 m	3~6 mm 少数闭合	无	平直光滑	4	不发育— 较发育
JD4	主要倾向 NW,倾 角 78°~81°	多数大于 2 m	1~3 mm	无	平直光滑	4	较发育
JD5	倾向 NE 或 SE,倾 角 3°或 88°	最长 3~5 m	0~1 mm	泥质、钙质 充填	平直光滑	7	较发育— 发育
JD6	倾向 NW 或 SE, 倾角 25°~54°	0.15~2 m	0~2 mm	泥质充填	平直光滑	7	较发育
JD7	倾向 SE 或 NW, 倾角 36°~73°	0.4~2 m	多数闭合	钙质充填	平直光滑	7	较发育
JD8	主要倾向 SE,倾 角 80°~85°	0.42~1.8 m, 最长大于 2 m	0.5 mm	泥质、钙质或 无充填	平直光滑或 平直粗糙	9	较发育— 发育
JD9	倾向 E 或 SW,倾 角 79°或 30°	大于 2 m	0~3 mm	泥质	平直光滑	7	较发育— 发育
JD10	主要倾向 E,倾角 70°	大于 2 m	0~3 mm, 最宽 5 mm	泥质、钙质 或石英脉充填	平直粗糙	13	较发育— 发育
JD11	主要倾向 NW,倾 角 80°或 30°	1.0~3.5 m, 最长大于 5 m	0~4	泥质、钙质 充填	平直光滑或 平直粗糙	9.5	较发育— 发育

注:统计面积为 2 m×2 m。

节理主要发育于砂岩中,一般不切穿板岩,节理长度一般为 0.3~1.5 m,最长大于
3 m。

区内节理多为剪节理,节理倾角一般大于 60°,少数为小于 20°的缓倾角节理。节理

一般闭合—微张,宽度为 0~3 mm,大部分被方解石脉或泥质、钙质充填,少数无充填,节理面大部分平直光滑。

7.2.6.5　玛柯河—阿柯河之间的节理裂隙特征

通过地表及探洞内节理裂隙调查统计,本区构造节理受区域构造、大断裂以及岩层的控制,其发育具有明显的规律性,见表 7-12。

同一地点、同一岩性地层中一般发育两组"X"型剪节理,其他节理零星发育。节理发育密度主要受岩石强度、单层厚度、构造错动的影响,强度较高,比较坚硬的岩石节理发育密度较大。

多数节理仅发育在一个单层内,节理延伸受软岩控制,多不切穿板岩等软岩地层。节理面以平直粗糙为主,表层受风化影响宽度较大,深部新鲜岩体中节理宽度一般小于 3 mm,节理倾角大多在 60°以上,属陡倾角节理。

表 7-12　节理主要特征统计

序号	产状	主要特征
1	350°~355°∠70°~85°	节理面平直粗糙,闭合或微张,无充填或方解石、石英充填,延伸较长
2	280°~300°∠65°~85°	节理面平直或微张,粗糙,闭合或微张,无充填或石英充填,延伸长
3	220°~190°∠40°~65°	节理面平直粗糙,闭合或微张,无充填或石英充填,延伸较长
4	165°~175°∠45°~60°	节理面平直—微弯,粗糙,闭合或微张,无充填或石英充填,延伸较长
5	130°~140°∠10°~40°	节理面平直粗糙,闭合或微张,无充填或石英充填,延伸较短
6	30°~40°∠65°~75°	节理面平直粗糙,闭合或微张,无充填或石英充填,延伸较短

7.2.7　阿柯河流域节理特征

7.2.7.1　库区的节理特征

根据野外基岩露头节理裂隙统计分析,库区岩层中节理主要发育有四组,见表 7-13。

表 7-13　库区节理裂隙特征统计

节理分组	产状			节理裂隙特征	裂隙率 (%)
	走向	倾向	倾角		
第一组	30°~40°	SE 或 NW	55°~85°	平直、光滑	21
第二组	60°~70°	SE 或 NW	60°~82°	弯曲、粗糙	29
第三组	280°~295°	NE 或 SW	45°~60°	平直或弯曲,多数粗糙	31
第四组	325°~350°	NE 或 SW	60°~80°	平直或弯曲,多数粗糙	15

(1)第一组走向 30°~40°,倾向 SE 或 NW,倾角 55°~85°,裂隙长度一般大于 3 m,宽度一般为 0~1.5 mm,裂隙间距 10~35 cm,多为平直、光滑,无充填或附锈红色氧化膜。

(2)第二组走向 60°~70°,走向 70°的节理裂隙占多数,倾向 SE 或 NW,倾角 60°~82°,裂隙长度一般为 1~3 m,部分长大于 3 m,宽度一般为 0~1.5 mm,近半数裂隙闭合,裂隙间距为 10~35 cm,多为粗糙、弯曲,无充填或附锈红色氧化膜。

(3)第三组走向 280°~295°,倾角一般为 45°~60°,倾向 NE 或 SW,延伸长度一般小于 2 m,宽度一般小于 2 mm,裂隙间距为 8~15 cm,部分 25~35 cm,多为平直、粗糙,无充填或附锈红色氧化膜。

(4)第四组走向 325°~350°,倾向 NE 或 SW,倾角 60°~80°,裂隙长度一般大于 2 m,宽度一般为 0~1.5 mm,裂隙间距 15~35 cm,多为平直或弯曲、粗糙,无充填或附锈红色氧化膜及泥膜、方解石。

库区节理以第二组和第三组最为发育,其他两组发育较差。

7.2.7.2　坝址的节理特征

根据对坝址区 27 个地质露头点节理裂隙的结果统计分析,克柯坝址区节理有如下特征(见表 7-14)。

表 7-14　坝址区节理统计

节理组编号	产状			裂隙率 (%)	裂隙密度 (条/m)
	走向	倾向	倾角		
第一组	30°~40°	NW 或 SE	50°~90°	0.31	15
第二组	55°~62°	以 SE 为主	50°~60°、80°~88°	2.25	10~20
第三组	72°~80°	NW 或 SE	75°~82°、少量 8°~11°	1.2	10
第四组	315°~340°	NE 或 SW	60°~75°	>1.2	4~10

坝址主要发育 4 组节理:第一组走向 30°~40°,倾向 NW 或 SE,倾角 50°~90°;第二组走向 55°~62°,倾向以 SE 为主,倾角 50°~60°、80°~88°;第三组走向 72°~80°,倾向 NW 或 SE,倾角 75°~82°,少量节理倾角 8°~11°;第四组走向 315°~340°,倾向 NE 或 SW,倾角 60°~75°。

坝址区 NE 走向节理发育,其中以走向 55°~62°一组最为发育,其他三组次之。坝址节理以陡倾角剪节理为主,节理倾角多大于 50°,以大于 70°为主,仅有少量缓倾角节理裂隙。节理一般闭合—微张,少数张开,节理面大部分平直光滑;隙宽 0.1~10 mm;充填物以泥质、钙质为主,少量充填石英和铁质;裂隙率小于 3%,按裂隙率岩体裂隙程度属不发育。节理主要发育于砂岩中,一般不切穿板岩,板岩中节理发育程度相对较差。节理裂隙延伸长度较小,风化带裂隙张开度大,多为泥质充填;构造裂隙张开度小,多数闭合,胶结较好,因此控制岩体结构的结构面应为层面。

7.2.7.3　阿柯河—沃央的节理特征

区内节理裂隙发育,根据统计,节理主要发育以下 4 组节理。第一组走向 30°~40°,倾向 SE 或 NW,倾角 55°~85°,裂隙长度一般大于 3 m,宽度一般为 0~1.5 mm,裂隙间距

10~35 cm,多为平直、光滑,无充填或附锈红色氧化膜。第二组走向 60°~70°,走向 70°的节理裂隙占多数,倾向 SE 或 NW,倾角 60°~82°,裂隙长度一般为 1~3 m,部分长大于 3 m,宽度一般为 0~1.5 mm,近半数裂隙闭合,裂隙间距为 10~35 cm,多为粗糙、弯曲,无充填或附锈红色氧化膜。第三组走向 280°~295°,倾角一般为 45°~60°,倾向 NE 或 SW,延伸长度一般小于 2 m,宽度一般小于 2 mm,裂隙间距为 8~15 cm,部分 25~35 cm,多为平直、粗糙,无充填或附锈红色氧化膜。第四组走向 325°~350°,倾向 NE 或 SW,倾角 60°~80°,裂隙长度一般大于 2 m,宽度一般为 0~1.5 mm,裂隙间距 15~35 cm,多为平直或弯曲、粗糙,无充填或附锈红色氧化膜及泥膜、方解石。

线路区节理以第二组和第三组最为发育,其他两组发育较差。根据野外统计,裂隙中等发育,密度为 5~11 条/m。

据野外地质勘察和裂隙统计分析,该段砂岩中的裂隙发育程度高于板岩的裂隙发育程度,多数裂隙延伸不穿过板岩;该段褶皱发育,劈理中等发育—较发育,岩体单层厚度变薄,结构面间距多为 1~5 cm,局部为 8~15 cm,对岩体的完整性和稳定性有一定影响。

7.2.7.4　沃央—若曲的节理

区内节理裂隙发育,根据统计,节理是在两期不同应力方向下形成的:早期产状为 10°~82°∠33°~70°,220°~250°∠50°~70°,节理较为发育,走向平行于山脉走向,平面延长 0.1~1.5 m,裂隙张开宽度较小,一般为 0.05~3.4 cm,个别紧闭,裂隙密度一般为 5~11 条/m,节理面平直、无充填物,少部分充填泥质、石英脉、方解石。晚期节理优势方位 115°~156°∠40°~75°,290°~350°∠10°~75°十分发育,走向垂直于山脉走向,延伸长一般为 0.1~3.0 m,个别为 3~10 m,张开宽度为 0.1~0.5 cm,个别为 2.5 cm,裂面平直、微波状,无充填或充填泥质,裂隙密度为 5~15 条/m,个别大于 20~25 条/m。

7.2.7.5　若曲—黄河的节理裂隙

受区域构造应力场控制,其显著特点是方向性强且与构造配套。根据本次统计,该段构造节理为两期不同应力方向下形成:早期产状为 10°~82°∠33°~70°,220°~250°∠50°~70°,节理较为发育,走向平行于山脉走向,平面延长 0.1~1.5 m,裂隙张开宽度较小,一般为 0.05~3.4 cm,个别紧闭,裂隙密度一般为 5~11 条/m,裂面平直、无充填物,少部分充填泥质、石英脉、方解石;晚期节理优势方位 115°~156°∠40°~75°,290°~350°∠10°~75°十分发育,走向垂直于山脉走向,延伸长一般为 0.1~3.0 m,个别为 3~10 m,张开宽度为 0.1~0.5 cm,个别为 2.5 cm,裂面平直、微波状,无充填或充填泥质,裂隙密度为 5~15 条/m,个别大于 20~25 条/m。

7.2.8　岩浆岩体的节理特征

岩浆岩体主要发育在雅砻江河段。

热巴岩体中主要发育 4 组节理:第一组走向 310°~345°,倾向 NE 或 SW,倾角 55°~75°,节理密度为 3~6 条/m;第二组走向 30°~50°,倾向 NW,倾角 50°~80°,节理密度为 2~5 条/m;第三组走向 0°~15°,倾向 NW 或 SE,倾角 10°~70°,节理密度为 2~4 条/m;第四组走向 65°~85°,倾向 NW 或 SE,倾角 40°~87°,节理密度为 1~3 条/m。其中,前两组节理在坝址最为发育,岩浆岩体中节理多为陡倾角的剪节理,节理面多平直粗糙,少数起伏粗糙,个别平直光滑,延伸长度多大于 1.0 m,地表节理一般张开 1～5 mm,个别较宽,可达 5 mm 以上,多数节理无充填,少数充填泥质、岩屑或石英岩脉。

在雅砻江库区的岩浆岩体中主要发育三组节理:第一组走向为 310°～340°,倾向 NE 或 SW,倾角 50°～85°;第二组走向 40°～60°,倾向 NW,倾角 5°～20°;第三组走向 0°～30°,倾向 NW,倾角 40°～70°。其中,前两组为主要优势方位,节理长度一般为 1.5～3 m,少数大于 10 m,节理间距 0.2～1.5 m,裂隙宽度 0～15 mm,少数泥质或石英脉充填。

综合上述不同流域、不同地点的节理产状,给出总的节理走向玫瑰图(见图 7-8),从图中可以看出,工程区的节理主要为北东向和北西向,北北西向和南东东向。对应的节理倾向玫瑰图(见图 7-9)也显示出节理优势方向特征。

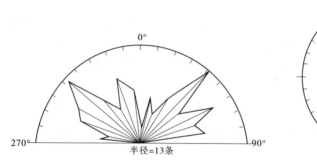

图 7-8　工程区节理走向玫瑰图　　　　　图 7-9　工程区节理倾向玫瑰图

从节理的倾角直方图(见图 7-10)上可以看出,工程区的节理倾角以 60°～80°为主,次为 30°～50°。反映出节理主要为陡倾状。

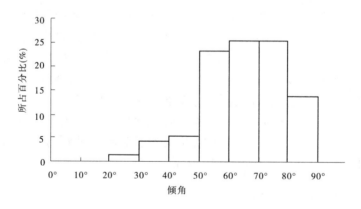

图 7-10　工程区节理倾角直方图

上述统计资料说明,西线工程区岩石与 TBM 破岩有关的主要构造面方向为北东和北西向,二者呈共轭状产出,且以陡倾角为主。

第 8 章 TBM 破岩的数值和试验模拟

8.1 TBM 破岩作用三维仿真分析

8.1.1 盘形滚刀切割岩石三维仿真模型建立

利用离散元程序 Three - dimensional Distinct Element Code(简称 3DEC),对 TBM 破岩时复杂的三维地质模型进行仿真分析,且对破岩作用力的力学模型进行模拟分析。

通用离散元程序 3DEC 是一个处理不连续介质的三维离散元程序,用于模拟非连续介质(如岩体中的节理裂隙等)承受静载或动载作用下的响应。非连续介质是通过离散的块体集合体加以表示的。不连续面处理为块体间的边界面,允许块体沿不连续面发生较大位移和转动。块体可以是刚体或变形体。变形块体被划分成有限个单元网格,且每一单元根据给定的应力 - 应变准则,表现为线性或非线性特性。不连续面发生法向和切向的相对运动也由线性或非线性的力—位移关系控制。在 3DEC 中,为完整块体和不连续面开发了几种材料特性模型,用来模拟不连续地质界面可能显现的典型特性。3DEC 基于“拉格朗日”算法,很好地模拟了块体系统的变形和大位移。

为合理地模拟岩体中的断层、节理及 TBM 破岩作用力,在进行离散元计算时,假设岩体及岩体中的断层和节理为线弹性材料,且在同一地层单位为各向同性材料;刀盘及刀具为线弹性材料,且假设刀具与岩石间是不透水的;节理遵循库仑滑动准则,且节理选用 Barton Bandis 节理模型。

假设 TBM 开挖区域为 100 m×100 m×70 m,开挖隧道的直径为 7.6 m,TBM 的推力为 900 kN,转矩为 558 kN·m,额定功率为 700 kW,自重为 1 600 kN。被开挖的围岩分为两层:第一层为砂岩,厚度为 40 m;第二层为板岩,厚度为 30 m。简化的隧道开挖区域平面几何模型如图 8-1 所示,开挖区域围岩三维仿真模型如图 8-2 所示,开挖后隧道三维仿真模型如图 8-3 所示,开挖区域节理分布与隧道三维仿真模型如图 8-4 所示,刀体切割岩石模型如图 8-5 所示。

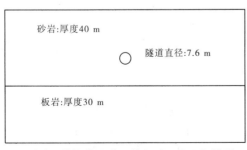

图 8-1 简化的隧道开挖区域平面几何模型

图 8-2 开挖区域围岩三维仿真模型

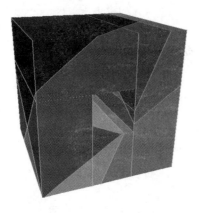
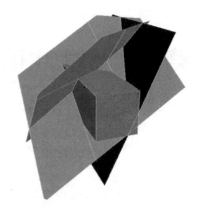

图 8-3　开挖后隧道三维仿真模型　　　图 8-4　开挖区域节理分布与隧道三维仿真模型

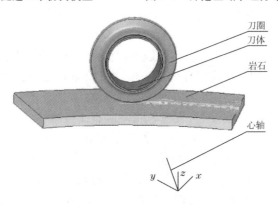

图 8-5　刀体切割岩石模型

8.1.2　岩石力学参数对 TBM 破岩作用力的影响分析

岩石力学性质的不同影响着 TBM 的掘进速度,影响 TBM 掘进速度的岩石力学性质有岩石的脆性、抗压强度、弹性模量、泊松比。三维仿真模型中对岩石力学参数进行了不同的取值,编写了不同的 3DEC 程序,建立了不同的 TBM 破岩三维仿真模型,比较在 TBM 力学参数一定和岩石力学参数不同的条件下 TBM 掘进速度的大小。

8.1.2.1　岩石的脆性对 TBM 破岩作用力影响分析

在研究岩石的脆性对 TBM 破岩作用力的影响中,分别取了 13 种脆性指数(BI)不同的岩石,分别建立了不同的三维仿真模型,计算在岩石脆性大小不同的条件下 TBM 掘进速度的分布规律,即找出 BI 与 TBM 掘进速度的相关性。

表 8-1 为 TBM 掘进速度随岩石脆性指数(BI)变化表,图 8-6 为 TBM 掘进速度随岩石脆性指数(BI)变化曲线。

从图 8-6 可以看出,随着岩石脆性指数的增加,TBM 掘进速度也呈增大的趋势,而随着岩石脆性指数增加到一定的程度,TBM 掘进速度增大速度变得越来越缓慢,当岩石的脆性指数小于 17 时,BI 与 TBM 掘进速度呈一定的线性相关性,而当岩石的脆性指数大于 17 后,TBM 掘进速度的变化范围并不是很大。从曲线图可以看出,岩石脆性指数与 TBM

掘进速度有一定的相关性。

表 8-1　TBM 掘进速度随岩石脆性指数(BI)变化表

BI	掘进速度(mm/r)	BI	掘进速度(mm/r)
5. 0	1. 51	18. 1	2. 80
7. 5	1. 82	21. 0	2. 92
9. 6	2. 01	23. 6	2. 99
10. 6	2. 07	25. 0	3. 00
13. 3	2. 19	27. 0	3. 04
15. 0	2. 36	28. 3	3. 10
16. 8	2. 67		

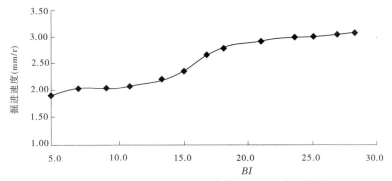

图 8-6　TBM 掘进速度随岩石脆性指数(BI)变化曲线

8.1.2.2　岩石抗压强度对 TBM 破岩作用力的影响分析

在分析岩石抗压强度对 TBM 破岩作用力的影响分析中,分别取了 10 种抗压强度不同的岩石,对其破岩掘进速度进行了对比分析,这 10 种岩石抗压强度分别是 10 MPa、30 MPa、50 MPa、70 MPa、90 MPa、110 MPa、130 MPa、150 MPa、170 MPa、190 MPa(见表 8-2)。在分析岩石抗压强度的影响中,建立了不同的离散元模型,通过 3DEC 计算,对其计算结果进行了对比分析,寻找岩石抗压强度对 TBM 掘进速度的影响规律。

表 8-2　所选取的 10 组岩石力学参数

UCS(MPa)	E(GPa)	μ	UCS(MPa)	E(GPa)	μ
10	8. 50	0. 38	110	56. 60	0. 28
30	13. 50	0. 35	130	60. 00	0. 23
50	30. 00	0. 31	150	65. 00	0. 21
70	46. 50	0. 29	170	75. 00	0. 18
90	50. 00	0. 28	190	85. 00	0. 15

表 8-3 为 TBM 掘进速度随抗压强度(UCS)变化表,图 8-7 为 TBM 掘进速度随抗压强

度(UCS)变化曲线。

表 8-3　TBM 掘进速度随三轴抗压强度(UCS)变化表

UCS(MPa)	掘进速度(mm/r)	UCS(MPa)	掘进速度(mm/r)
10	12.8	110	10.3
30	12.7	130	8.5
50	12.6	150	6.9
70	12.1	170	4.9
90	11.5	190	2.1

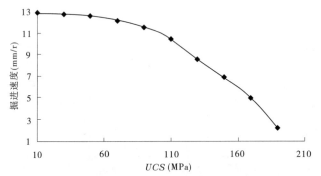

图 8-7　TBM 掘进速度随抗压强度(UCS)变化曲线

　　从图 8-7 可以看出,随着岩石抗压强度的增加,TBM 掘进速度呈不断减小的趋势,且其减小的程度越来越大,岩石抗压强度越高,TBM 掘进速度越小;在岩石抗压强度大于 100 MPa 时,掘进速度显著降低。因此,TBM 在抗压强度很高的岩石中难以掘进,当岩石抗压强度增加到一定的数值时,TBM 无法保证其掘进效率。因此,TBM 对岩石抗压强度具有一定的要求,TBM 对岩性具有一定的适应范围。

　　为了对比不同岩石力学参数条件下 TBM 掘进速度的大小,假设在几种不同的节理条件下,不断地更改岩石力学参数,计算得到 TBM 掘进速度随岩石力学参数变化而变化的规律。假设节理方向与隧洞掘进方向之间的夹角为 30°,节理间距用 l 表示。在每种节理条件下,分别选取了 10 组岩石力学参数(见表 8-2)建立不同的三维仿真地质模型,计算得到不同的 TBM 掘进速度,对比不同计算条件下的 TBM 掘进速度。

　　表 8-4 为 α = 30°时,l 分别为 10 mm(工况 a)、30 mm(工况 b)和 50 mm(工况 c)时,不同岩石强度下 TBM 掘进速度分布值;图 8-8 为 α = 30°时,l 分别为 10 mm(工况 a)、30 mm(工况 b)和 50 mm(工况 c)时 TBM 掘进速度随岩石抗压强度变化曲线。

　　从图 8-8 可以看出,当岩石抗压强度小于 30 MPa 时,TBM 掘进速度很低,且随着岩石抗压强度的增大,TBM 掘进速度也不断增大,说明岩石抗压强度在此范围内时,岩石自稳能力较差,易产生坍塌现象,TBM 掘进速度缓慢;当抗压强度为 30 ~ 60 MPa 时,掘进速度最高。当岩石抗压强度在 30 ~ 150 MPa 时,TBM 掘进速度随着抗压强度的增加而不断降低,说明岩石抗压强度在此范围内时,围岩自稳能力较强,TBM 在硬度相对较低的岩石中掘进时速度较高;当岩石抗压强度大于 150 MPa 时,由于岩石硬度较高,给 TBM 掘进带来困难,所以 TBM 掘进速度突然降低,曲线中有一个明显的突变点。当节理方向与隧洞掘进方向之间的角度 α 一定时,随着节理间距 l 的增大,TBM 掘进速度不断降低。

表 8-4　不同岩石强度下 TBM 掘进速度分布值($\alpha = 30°$)

UCS (MPa)	掘进速度(m/h)		
	工况 a	工况 b	工况 c
10	0.47	0.36	0.28
30	2.85	2.53	2.38
50	2.69	2.42	2.16
70	2.51	2.30	1.93
90	2.39	2.19	1.75
110	2.21	2.03	1.56
130	2.10	1.89	1.49
150	1.93	1.73	1.32
170	0.92	0.83	0.71
190	0.63	0.57	0.39

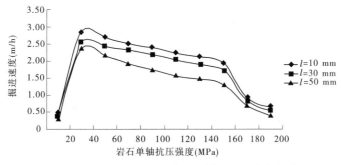

图 8-8　三种工况下 TBM 掘进速度随岩石单轴抗压强度变化曲线($\alpha = 30°$)

表 8-5 为 $\alpha = 30°$ 时, l 分别为 10 mm(工况 a)、30 mm(工况 b)和 50 mm(工况 c)时,不同弹性模量下 TBM 掘进速度分布值,图 8-9 为 $\alpha = 30°$ 时, l 分别为 10 mm(工况 a)、30 mm(工况 b)和 50 mm(工况 c)时 TBM 掘进速度随岩石弹性模量变化曲线。

从图 8-9 可以看出,当岩石弹性模量小于 13.5 GPa 时,TBM 掘进速度很低,且随着岩石弹性模量的增大,TBM 掘进速度也不断增大,说明当岩石弹性模量小于某一个值时,岩石自稳能力较差,易产生坍塌现象,TBM 掘进速度缓慢;当岩石弹性模量为 13.5 ~ 65 GPa时,TBM 掘进速度随着岩石弹性模量的增加而不断降低,说明岩石弹性模量在此范围内时,围岩自稳能力较强,TBM 在硬度相对较低的岩石中掘进时速度较高;当岩石弹性模量大于 65 GPa 时,由于岩石硬度较高,给 TBM 掘进带来困难,所以 TBM 掘进速度突然降低,曲线中有一个明显的突变点。当节理方向与隧洞掘进方向之间的角度 α 一定时,随着节理间距 l 的增大,TBM 掘进速度不断降低。

表 8-5　不同弹性模量下 TBM 掘进速度分布值($\alpha = 30°$)

E(GPa)	掘进速度(m/h)		
	工况 a	工况 b	工况 c
8.5	0.47	0.36	0.28
13.5	2.85	2.53	2.38
30.0	2.69	2.42	2.16
46.5	2.51	2.30	1.93
50.0	2.39	2.19	1.75
56.6	2.21	2.03	1.56
60.0	2.10	1.89	1.49
65.0	1.93	1.73	1.32
75.0	0.92	-0.83	0.71
85.0	0.63	0.57	0.39

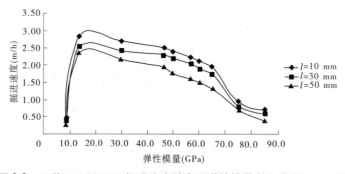

图 8-9　三种工况下 TBM 掘进速度随岩石弹性模量变化曲线($\alpha = 30°$)

8.1.2.3　岩石泊松比对 TBM 破岩作用力的影响分析

在分析岩石泊松比对 TBM 破岩作用力的影响分析中,分别取了 6 种不同泊松比的岩石,对其破岩掘进速度进行了对比分析,这六种岩石的泊松比分别为 0.17、0.21、0.23、0.25、0.27、0.29,在分析岩石三轴抗压强度的影响中,建立了 6 个不同的离散元模型,通过 3DEC 计算,对其计算结果进行了对比分析,寻找岩石泊松比对 TBM 掘进速度的影响规律,对不同泊松比的模型分别进行计算,并对计算结果比较。表 8-6 为岩石泊松比与 TBM 掘进速度关系表,图 8-10 为岩石泊松比与掘进速度关系曲线。

表 8-6　岩石泊松比与 TBM 掘进速度关系表

泊松比	掘进速度(mm/r)	泊松比	掘进速度(mm/r)
0.17	6.34	0.25	7.15
0.21	6.38	0.27	7.21
0.23	7.01	0.29	7.23

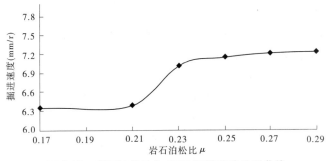

图 8-10　岩石泊松比与 TBM 掘进速度关系曲线

　　从图 8-10 中可以看出,当岩石的泊松比小于 0.2 时,TBM 掘进速度随岩石的泊松比增长缓慢,当岩石的泊松比为 0.21 ~ 0.23 时,TBM 掘进速度随泊松比的增加而增长,而当岩石的泊松比大于 0.23 时,TBM 掘进速度随泊松比的增长速度又变得较为缓慢,因此岩石的泊松比与 TBM 掘进速度的相关性并不明显,岩石的泊松比对 TBM 掘进速度影响不大。

　　表 8-7 为 $\alpha = 30°$时,l 分别为 10 mm(工况 a)、30 mm(工况 b)和 50 mm(工况 c)时,不同泊松比下的 TBM 掘进速度分布值;图 8-11 为 $\alpha = 30°$时,l 分别为 10 mm(工况 a)、30 mm(工况 b)和 50 mm(工况 c)时 TBM 掘进速度随岩石泊松比变化曲线。

表 8-7　三种工况下 TBM 掘进速度分布值($\alpha = 30°$)

μ	掘进速度(m/h)		
	工况 a	工况 b	工况 c
0.38	0.47	0.36	0.28
0.35	2.85	2.53	2.38
0.31	2.69	2.42	2.16
0.29	2.51	2.30	1.93
0.28	2.39	2.19	1.75
0.28	2.21	2.03	1.56
0.23	2.10	1.89	1.49
0.21	1.93	1.73	1.32
0.18	0.92	0.83	0.71
0.15	0.63	0.57	0.39

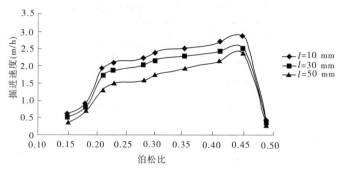

图 8-11　三种工况下 TBM 掘进速度随岩石泊松比变化曲线($\alpha = 30°$)

8.1.2.4　隧洞埋深对 TBM 破岩的影响

岩体破碎剥离时刀具上的最大荷载称为刀具破岩力。图 8-12 为刀具破岩力随埋深变化关系。从图中可以看到:在单刀具情况下,破岩力随埋深变化显著,呈线性增加的关系,说明岩体的原场应力对单刀具破岩影响较大,破岩力最大值为 500 kN;在双刀具情况下,破岩力随埋深变化不明显,但还是呈一定线性增加的关系,说明岩体的地应力场对双刀具破岩影响不明显,其最大值为 180 kN,主要是因为双刀具对岩体作用时加快了岩体裂隙的发展过程,使岩体裂隙能较好地和节理贯通,故破岩力较小。通过两条曲线的对比发现,双刀具的破岩力较单刀具的破岩力减小了 100% ~ 150%,说明增加刀具数量在 TBM 岩体破岩时有较好的效果。

岩体埋深对破岩力的影响反映了单刀和双刀破岩机制的区别:单刀具作用时,裂隙必须达到节理面或自由面岩体才可能剥落;而双刀具作用时,裂隙间只要连接即可导致岩体剥离。岩体埋藏越深,原场地应力越高,岩体强度越高,单刀具必须使岩体形成比双刀具更长的裂隙才能使岩体剥离,作用在刀头的荷载也较双刀具的大。因此,相对来讲,双刀具破岩力受埋深的影响小于单刀具。

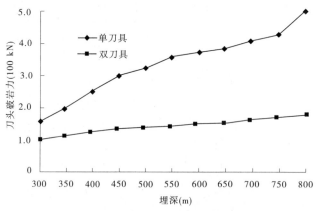

图 8-12　刀具破岩力随埋深变化关系

刀具作用在岩体上时,刀头侵入岩体的过程通过接触点的位移来反映,位移由刀头向节理进行发散,节理在此起到较好的阻隔作用。当破岩的能量较大时,变形将会越过节理的阻隔继续向前发展。图 8-13 所示为刀具掘进深度随埋深的变化关系。由图 8-13 可知,单刀具的掘进深度较双刀具要大 300% ,刀具掘进深度随埋深呈线性增加,单刀具掘进深度从 300 m 埋深到 800 m 埋深增加了 200% ,而双刀具增加了 100% 。

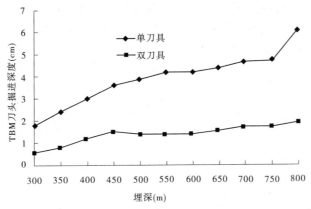

图 8-13　刀具掘进深度随埋深变化关系

图 8-14 所示为刀具掘进深度与刀具破岩力之比随埋深的变化关系。由图 8-14 可知:单刀具的掘进深度与刀具破岩力之比随埋深的变化不明显,其值多为 1.1 ~ 1.2 cm/100 kN;而双刀具的掘进深度与破岩力之比在埋深小于 450 m 时,变化较大,其值为 0.6 ~ 1.1 cm/100 kN,在埋深大于 450 m 时,变化较大,其值为 0.95 ~ 1.05 cm/100 kN。

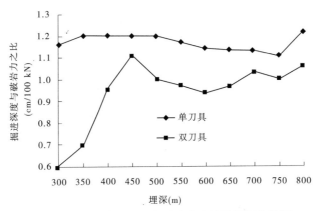

图 8-14　刀具掘进深度与破岩力之比随埋深变化图

岩体埋深对掘进深度的影响同样与单刀具和双刀具破岩机制有关。单刀具作用时,裂隙达到节理面或自由面需要更大的荷载,岩体埋深越大,岩体强度越高,刀具所需荷载越大,荷载越大,刀具侵入度就越深;双刀具作用时,较小的侵入度即可导致裂隙间连接。因此,双刀具掘进深度受埋深的影响小于单刀具。

反映在刀具作用下的局部应力场中,在单刀具作用区附近有非常明显的应力集中现象,应力随着刀头破岩的方向逐渐释放,但其值仍较岩体的初始应力场要大,应力的释放方向与岩体裂隙的方向相一致;双刀具的应力场在其影响区域发生重合,较单刀具增加了其局部应力大小,也反映出双刀具在破岩力较单刀具小的情况下也能起到很好的破岩效果。

8.1.3　节理岩体对 TBM 破岩作用力的影响分析

在 3DEC 中,假设岩块由多个不连续面划分成为岩体,其中这些不连续面被称做节理。假设岩块为刚性材料,为了分析不同节理方向及间距对 TBM 破岩的影响,利用 3DEC 建立了不同的节理模型,简化的平面图如图 8-15 所示。

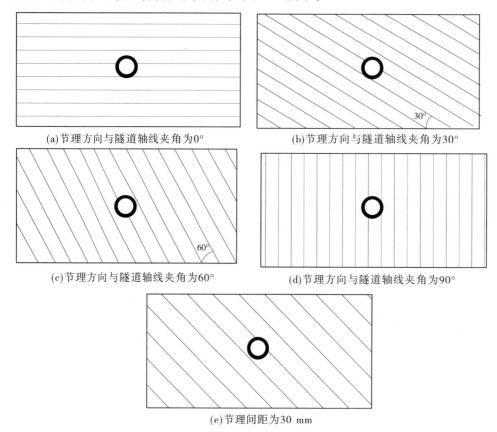

(a)节理方向与隧道轴线夹角为0°　　　　(b)节理方向与隧道轴线夹角为30°

(c)节理方向与隧道轴线夹角为60°　　　　(d)节理方向与隧道轴线夹角为90°

(e)节理间距为30 mm

图 8-15　节理方向一定时的简化平面图

根据 3DEC 进行计算,不断地变换模型中的岩性参数及节理参数,得到不同的计算结果。不同计算参数对刀具破岩效率的影响不可忽视,刀具作用在岩体上时,位移由刀头向节理进行发散,节理在此起到较好的阻隔作用。当破岩的能量较大时,变形将会越过节理的阻隔继续向前发展。

8.1.3.1　节理间距对刀具破岩作用力影响分析

为了分析节理间距对全断面岩石掘进机(TBM)掘进速度的影响,根据南水北调西线工程中的围岩地质条件,利用三维离散元程序 3DEC 建立 TBM 滚刀破岩三维仿真模型,分析在不同的节理间距条件下 TBM 掘进速度的变化规律,并用最小二乘法拟合出了 TBM 掘进速度与节理方向之间关系的直线图。分析结果表明,TBM 掘进速度与节理间距之间的关系存在一定的规律,当节理间距大于一定的数值时,间距越小,TBM 掘进速度越大。

图 8-16 为刀具破岩力随节理间距变化曲线,从图中可以看到,单刀具破岩力随节理

间距的变化显著,呈线性增加的关系,说明节理间距对单刀具破岩影响较大。从图 8-16
也可以看出,节理间距在 1.50 m 以下时,需要的刀头破岩力较小。在单刀具情况下破岩
力最大值为 560 kN,而在双刀具情况下其最大破岩力为 250 kN,双刀具对岩体作用时加
快了岩体裂隙的发展过程,使岩体裂隙更容易节理贯通,故破岩力较单刀具小。通过两条
曲线的对比,发现双刀具的破岩力较单刀具的破岩力减小了 100% ~ 150%,说明增加刀
具数量在 TBM 岩体破岩时有较好的效果。

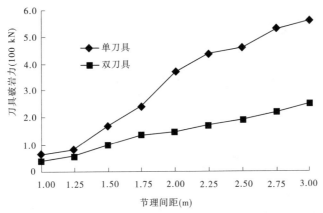

图 8-16　刀具破岩力随节理间距变化曲线

　　节理间距对破岩力的影响反映 TBM 的破岩机制:刀具侵入岩体时,刀头附近产生裂
纹,当裂纹贯通或裂隙达到节理面或自由面时岩体才可能剥落。节理间距越大,岩体剥落
时由刀具产生的裂隙越长,所需荷载就越高。由于单刀具作用时只有裂隙达到节理面或
自由面时岩体才可能剥落,因此对节理间距敏感;而双刀具作用时,裂隙间只要连接即可
导致岩体剥离。因此,双刀具破岩力受节理间距的影响小于单刀具。

　　计算结果表明,位移由刀头向节理进行发散,节理在此起到较好的阻隔作用;刀具对
岩体的破裂效果体现在边界的变形上。在单刀具条件下,当掘进深度较大时,岩体裂隙才
能和节理贯通相比较而言,双刀具掘进深度则要小很多,如图 8-17 所示,单刀具的掘进深
度在单刀具时达到了 5.19 cm,而双刀具的掘进深度仅为 2.45 cm。在节理间距小于 1.75
m 时,单刀具的掘进深度与双刀具在数值上相当,在节理间距大于 1.75 m 时,单刀具的掘
进深度较双刀具在数值上大了 100%。总体来看,刀具的掘进深度随节理间距增加而增
加。由图 8-18 可知,单刀具的掘进深度与刀具破岩力之比随节理间距的变化,在节理间
距小于 2 m 时变化显著,当节理间距大于 2.00 m 时变化较小,其值多为
0.9 ~ 1.0 cm/100 kN,而双刀具在节理间距小于 1.50 m 时变化较大,当节理间距大于
1.50 m 时变化较小,其值多为 0.8 ~ 1.0 cm/100 kN。

　　节理间距对掘进深度的影响同样与单刀具和双刀具破岩机制有关:单刀具作用时,裂
隙达到节理面或自由面需要更大的侵入度,节理间距越大,所需荷载越高,侵入度也就越
大;而双刀具作用时,较小的侵入度即可导致刀具间的裂隙连接,岩体破碎对节理依赖程
度不高。因此,双刀具掘进深度受节理间距的影响小于单刀具。

　　通过三维仿真计算得到 TBM 掘进速度随节理间距的变化而增减的数值。表 8-8 为

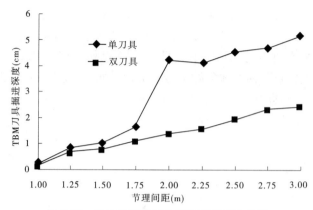

图 8-17 刀具掘进深度随节理间距变化曲线

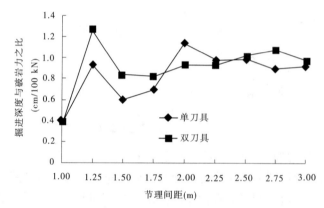

图 8-18 掘进深度与破岩力之比随节理间距变化曲线

在岩石物理力学参数一定且围岩中节理方向与隧洞掘进方向之间的夹角为 30°时,TBM 掘进速度随节理间距变化关系。图 8-19 为 TBM 掘进速度随节理间距变化曲线图。

表 8-8 TBM 掘进速度随节理间距变化关系($\alpha = 30°$)

TBM 掘进速度 (m/h)	3.15	2.70	2.40	2.10	1.90	1.55	1.45	1.05	0.75	0.55
节理间距 (mm)	10	20	30	40	50	60	70	80	90	100

从图 8-19 可以看出,TBM 掘进速度随着节理间距的不断增加而减小,其曲线的形态类似于一条斜率为负值的直线。因此,同样可以用最小二乘法把 TBM 掘进速度与节理间距关系曲线图拟合成一条直线。

假设 TBM 掘进速度 PR 与节理间距 d 关系式为

$$PR = a_5 d + b_5 \qquad (8-1)$$

式中: a_5 和 b_5 为两个未知参数。

用最小二乘法对图 8-20 所示的曲线进行线性拟合,得到 TBM 掘进速度与节理间距的线性关系式为

$$PR = -0.027d + 3.193 \qquad (8-2)$$

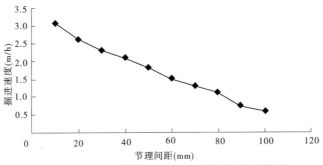

图 8-19　TBM 掘进速度随节理间距不同变化曲线

图 8-20 为 TBM 掘进速度与节理间距线性关系直线。由以上数据和图表的分析可以看出,TBM 掘进速度随着节理间距的不断增大而减小,也就是说当岩体中的节理密集分布时,TBM 破岩的速度快,这说明岩体中含有适当的节理面有利于 TBM 的施工。

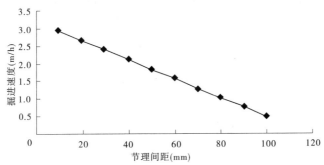

图 8-20　TBM 掘进速度与节理间距线性关系直线

8.1.3.2　节理方向对刀具破岩作用力的影响分析

在岩体上施加法向荷载后,岩体开始产生裂隙,如图 8-21(单刀具)和图 8-22(双刀具)所示。随着法向荷载的进一步作用,裂隙开始沿着节理的方向发展并逐渐扩大,随着裂隙的进一步发展在节理面附近开始产生新的裂隙,并逐渐向初始产生的裂隙方向发展并最终贯通。

通过图 8-21 和图 8-22 比较可知,在单刀头作用下岩体产生的裂隙更多,而在双刀头作用下,岩体的裂隙穿过了节理的阻挡,向节理的另外一边发展。岩体裂隙最终表现为两种状态:一种为与节理平行的持续发展状态;另一种为与节理相交的贯通状态。因此,节理的方向对 TBM 破岩过程中产生的裂隙发育状态影响较大。

为了分析节理方向对全断面岩石掘进机(TBM)掘进速度的影响,根据南水北调西线工程中的围岩地质条件,利用三维离散元程序 3DEC 建立 TBM 滚刀破岩三维仿真模型,分析在不同的节理方向条件下 TBM 掘进速度的变化规律,并用最小二乘法拟合出了 TBM 掘进速度与节理方向之间关系的直线。

在三维离散元程序 3DEC 编写过程中,假设节理间距为 30 mm,节理方向与隧道轴线的夹角 α 为 0°、10°、20°、30°、40°、50°、60°、70°、80°、90°,岩石的三轴抗压强度为 80 MPa,分别建立了 10 个不同的三维仿真模型,对计算结果进行比较。

图 8-23 表示了刀具切割岩石时裂缝的形成过程,图中显示了塑性变形区域,且放大

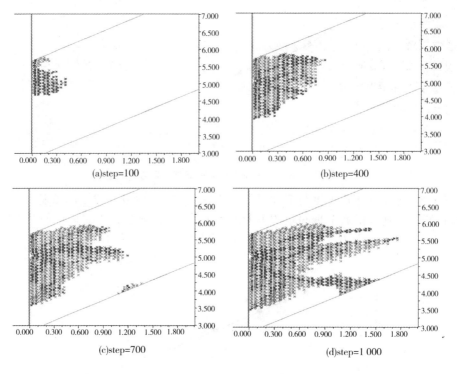

图 8-21　单刀具岩体裂隙产生、发展和形成过程

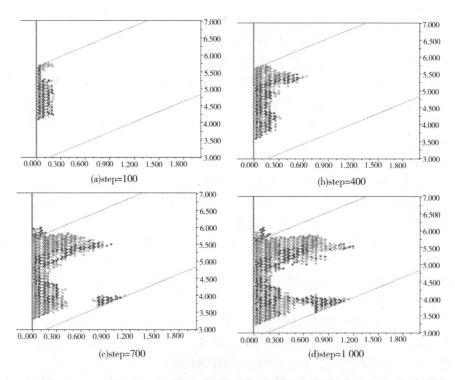

图 8-22　双刀具岩体裂隙产生、发展和形成过程

了岩石的裂缝扩展区域。由图 8-23 可看出,岩石的破碎过程可分为三个阶段:裂缝的形成阶段、裂缝的扩展阶段、切削角的形成阶段。当刀具开始作用在岩石上时,形成了一个

扇形的岩石破坏区域,然后在刀具的下方形成了一个压缩破坏区域,随着时间的推移,又形成了一个拉伸破坏区域,在切削边上形成了一个圆锥形的赫氏破坏。然而,由于围压的影响,处于刀具正下方的岩石仍然完好无损,这说明岩石处于静水压状态。当刀具继续向前掘进时,破坏范围越来越大,破坏范围包括压缩破坏和拉伸破坏。刀具破坏岩石使岩石中产生了大量的微裂隙,导致岩石破碎成粉末状或者破碎成很小的块体。这个破坏区域在刀具掘进的前方。从图 8-23 中可以看出,径向裂纹从拉伸区域向外扩展。

图 8-23　岩石破坏形式

图 8-24(a)、(b)、(c)分别为 $\alpha = 0°$ 时 step = 10、step = 20、step = 50 岩石的破坏特征。图 8-25(a)、(b)、(c)分别为 $\alpha = 10°$ 时 step = 10、step = 20、step = 50 岩石的破坏特征。图 8-26(a)、(b)、(c)分别为 $\alpha = 30°$ 时 step = 10、step = 20、step = 50 岩石的破坏特征。图 8-27(a)、(b)、(c)分别为 $\alpha = 50°$ 时 step = 10、step = 20、step = 50 岩石的破坏特征。图 8-28(a)、(b)、(c)分别为 $\alpha = 60°$ 时 step = 10、step = 20、step = 50 岩石的破坏特征。图 8-29(a)、(b)、(c)分别为 $\alpha = 90°$ 时 step = 10、step = 20、step = 50 岩石的破坏特征。

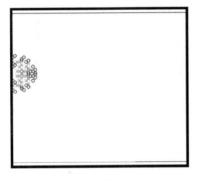

(a)step=10

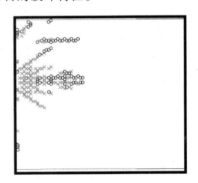

(b)step=20

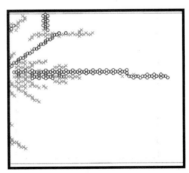

(c)step=50

图 8-24　$\alpha = 0°$ 时岩石破坏特征

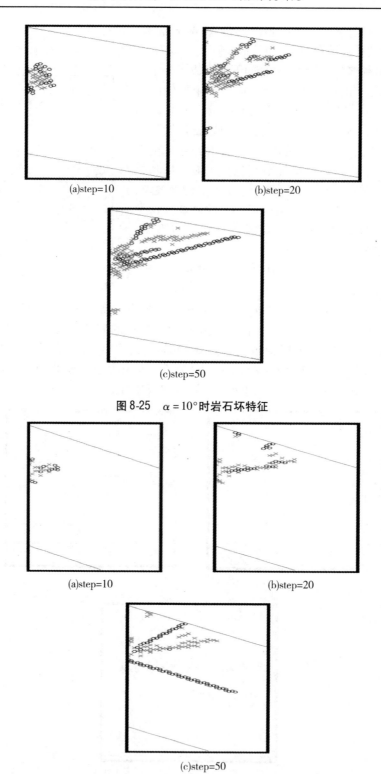

(a)step=10　　　　(b)step=20

(c)step=50

图 8-25　α = 10°时岩石坏特征

(a)step=10　　　　(b)step=20

(c)step=50

图 8-26　α = 30°时岩石破坏特征

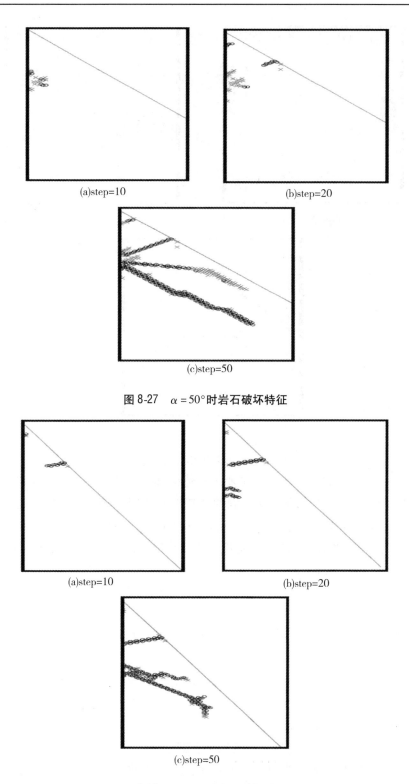

(a)step=10　　　　　　　　　　　　(b)step=20

(c)step=50

图 8-27　$\alpha = 50°$ 时岩石破坏特征

(a)step=10　　　　　　　　　　　　(b)step=20

(c)step=50

图 8-28　$\alpha = 60°$ 时岩石破坏特征

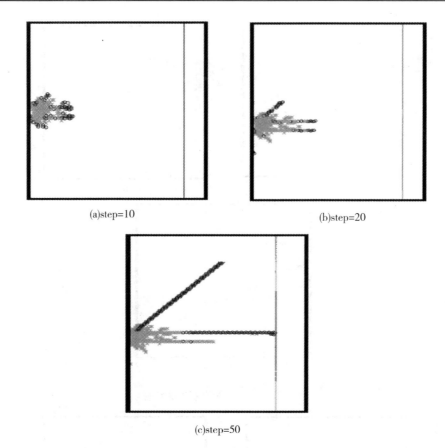

(a)step=10　　　　　　　　　　　　(b)step=20

(c)step=50

图 8-29　α = 90°时岩石破坏特征

　　从图中可以看出,岩石中的裂隙主要由拉伸破坏产生,TBM 掘进到第 10 步时,岩石的破坏区域呈对称分布,随着岩石中裂缝的不断扩展,岩石的破坏范围越来越大,岩石中的裂缝开始向某一个方向发展,有的裂隙朝中间扩展,而有的裂隙朝侧向扩展。随着 TBM 不断向前掘进,朝侧向扩展的裂缝开始朝着节理面的方向扩展,不断扩展的裂缝形成了一个切削体。当节理方向与隧道轴线的夹角大于 60°时,裂缝的产生和扩展方式与其夹角小于 60°时不同,由于受到节理面的影响,接近于节理面的岩石首先产生裂缝,随着 TBM 的不断掘进,岩石中的裂缝从强拉伸带不断向外扩展,而由于岩石的快速变形,刀具的正下方同样也有拉伸裂缝向外扩展。当 TBM 继续向前掘进时,岩石中的裂缝扩展到自由面上,同时形成了一个切削体。

　　以上分析表明,在 TBM 掘进过程中,岩石中裂缝的产生和扩展有两种不同的模式:第一种模式的裂缝由被切削岩石的内部产生,然后向下扩展;另外一种模式的裂缝在节理面上产生,然后向上扩展到自由面。

　　表 8-9 和图 8-30 分别为节理方向与隧洞掘进方向夹角 α 与切削角的关系。二者之间几乎呈线性相关,但在夹角为 40°~50°时,线性关系的斜率发生变化。

表 8-9　α 与切削角关系

α(°)	切削角(°)	α(°)	切削角(°)
0	30.2	50	55.3
10	35.3	60	70.2
20	39.7	70	76.3
30	42.1	80	92.6
40	49.6	90	100.6

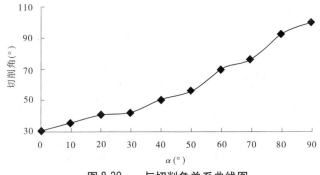

图 8-30　α 与切削角关系曲线图

表 8-10 为在岩石物理力学参数一定且围岩中节理间距为 30 mm 时，TBM 掘进速度随节理方向与隧洞掘进方向之间的夹角变化。图 8-31 为 TBM 掘进速度随节理方向与隧洞掘进方向之间的夹角变化曲线图。

表 8-10　TBM 掘进速度随节理方向与隧洞掘进方向之间的夹角变化

TBM 掘进速度(m/h)	0.8	1.2	1.4	1.7	2.3	2.8	3.2	3.1	2.3	1.5
节理方向与隧洞掘进方向之间的夹角(°)	0	10	20	30	40	50	60	70	80	90

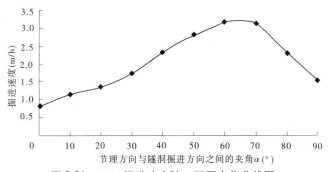

图 8-31　TBM 掘进速度随 α 不同变化曲线图

从表 8-10 和图 8-31 可以看出：当节理方向与隧洞掘进方向的夹角小于 60°时，TBM 掘进速度随着其夹角的不断增加而增高；而当节理方向与隧洞掘进方向的夹角大于 60°

后,TBM 掘进速度又随着其夹角的增加而有所降低。当节理方向与隧洞掘进方向的夹角在 0°~60°时,曲线的形态近似为一条斜率为正值的直线,当节理方向与隧洞掘进方向的夹角在 60°~90°时,曲线的形态近似为一条斜率为负值的直线。

因此,可将图 8-31 所示的曲线用最小二乘法拟合成两条相交的直线。最小二乘法的具体思路如下:

(1)用 PR 表示 TBM 掘进速度,α 表示节理方向与隧洞掘进方向之间的夹角。

(2)假设 PR 与 α 之间的关系式为

$$PR = \begin{cases} a_1\alpha + b_1 & 0° \leqslant \alpha \leqslant 60° \\ a_2\alpha + b_2 & 60° < \alpha \leqslant 90° \end{cases} \tag{8-3}$$

式中:a_1、b_1、a_2、b_2 为未知参数。

(3)已知 10 组不同的 PR 值和 α 值,用最小二乘法求出 a_1、b_1、a_2、b_2 四个未知参数,从而得到 PR 和 α 之间的关系式。

用最小二乘法拟合出的 PR 与 α 之间的关系式为

$$PR = \begin{cases} 0.013\alpha + 1.528 & 0° \leqslant \alpha \leqslant 60° \\ -0.01\alpha + 2.633 & 60° < \alpha \leqslant 90° \end{cases} \tag{8-4}$$

因此,可根据式(8-4)作出如图 8-32 所示的直线,即为 TBM 掘进速度与节理方向和隧洞掘进方向之间的夹角关系直线图。从图 8-32 可以看出:当节理方向与隧道轴线夹角小于 25°时,TBM 掘进速度与 α 呈一定的线性关系,TBM 掘进速度随着 α 的增加而增大,节理方向与隧洞轴线夹角为 50°~60°时,掘进速度最高。而当 α 大于 60°以后,TBM 掘进速度反而越来越小。所以,并不是节理方向与隧道轴线夹角越大,TBM 掘进速度就越高,TBM 掘进速度随 α 的增加而增大也具有一定的取值范围。

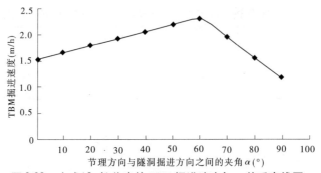

图 8-32　由式(8-4)作出的 TBM 掘进速度与 α 关系直线图

用最小二乘法拟合出的式(8-4)和图 8-32 所示的直线直观地反映了 TBM 掘进速度受围岩中节理方向影响的变化,可为定量地分析 TBM 掘进速度与节理方向的关系提供依据,为基于 TBM 掘进速度的围岩分类提供了数值基础。

8.1.3.3　节理倾角对 TBM 破岩的影响

图 8-33 为刀具破岩力随节理倾角变化关系。从图 8-33 中可知,破岩力随节理倾角变化显著,呈分段线性增加的关系,说明节理倾角对刀具破岩力影响较大,特别是对于单刀具,当倾角大于 60°时,破岩力急剧增加。通过两条曲线的对比发现,双刀具的破岩力较单刀具的破岩力减小了 100%~150%,说明增加刀具数量在 TBM 岩体破岩时有较好的

效果。从图 8-33 也可以看出,节理倾角小于 30°时,需要的刀头破岩力最小,30°～60°时次之,大于 60°时需要的破岩力最大。

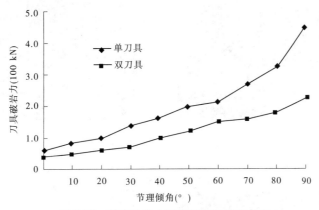

图 8-33　刀具破岩力随节理倾角变化关系

　　图 8-34 为刀具掘进深度随节理倾角变化关系。当倾角大于 50°时,掘进深度急剧增加,大于 60°时掘进速度增加趋缓。该关系主要通过刀具作用时岩体产生的裂隙走向得到反映,当节理间距一定时,高倾角状态下裂隙难以与节理贯通,导致岩体剥落必然要施加给刀具更大的荷载,因而刀具的侵入度必然更大。由于单刀具和双刀具间破岩机制的差别,单刀具受节理倾角的影响更明显。

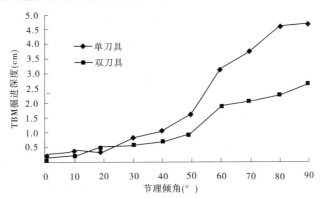

图 8-34　刀具掘进深度随节理倾角变化关系

8.2　TBM 破岩的物理试验模拟

　　数值模拟结果表明,刀具破岩受到多种因素的影响,如岩体强度、结构面倾角、结构面密度、地应力等。本试验采用 TBM 刀具的概化模型——楔形刀对砂浆试件进行加载,模拟多种工况下岩体的破裂过程,从而确定各种因素对岩体破裂的影响方式。

　　试验在自行研制加载的装置上进行(见图 8-35)。试验过程中侵入度(法向位移)通过位移传感器测量,侵入力(法向荷载)通过安装在压头上的传感器测量。试验过程中的位移、荷载信号通过 CDSP(WS－INV)数据采集仪采集(见图 8-36)。

图 8-35　试验加载设备

图 8-36　试验数据采集仪

在加载过程中,用高速 CCD 相机采集试件表面动态图像,然后通过数字散斑相关方法(DSCM)分析得到试件表面的动态变形场,基于变形场的演化规律,深入分析影响岩体破裂的主要因素。

由于 TBM 适用于围岩强度较高的隧道开挖,因此本试验采用高强度砂浆模拟岩体。通过高强度等级水泥辅以外加剂、石粉、粉煤灰等配制不同强度的砂浆,研究强度对 TBM 施工的影响。另外,考虑南水北调西线工程存在高地应力及岩体结构面发育等实际情况,试验采用侧向应力模拟地应力,在试件中设置了不同倾角、间距的结构面。具体模拟工况见表 8-11,试件物理力学参数见表 8-12。

表 8-11　试验考虑的影响因素及具体参数

影响因素况	工况 1	工况 2	工况 3	工况 4
试样强度(MPa)	40	60	80	
侧向应力(MPa)	5	10	20	
结构面倾角(°)	0	45	70	90
结构面间距(mm)	20	40	80	

表 8-12　试件物理力学参数

编号	容重 （kN/m³）	纵波波速 （m/s）	单轴抗压 强度 （MPa）	弹性模量 （GPa）	泊松比	摩擦角 φ （°）	黏聚力 C （MPa）
1	22.62	4 388	85.6	79.2	0.26	42.3	18.8
2	21.58	4 237	57.5	66.5	0.23	39.5	11.6
3	21.94	4 225	54.9	61.2	0.22	37.1	9.4

8.2.1　单刀具结果及分析

8.2.1.1　强度对掘进行为的影响

共完成了 3 种强度试件在不同侧压力、不同结构面几何特征条件下的压缩破坏试验，试件设计强度分别为 40 MPa、60 MPa 和 80 MPa。图 8-38 为试件强度—破坏荷载典型曲线。图中不同组合条件下各曲线形态有所区别，但总体趋势均存在相似的特征，即试件强度越高，破坏荷载越高。因此，在岩石隧道掘进过程中，围岩强度越高，TBM 对掌子面的推力越大。

从图 8-37 也可以看出，在节理间距为 40 mm 时，试件强度和破坏荷载呈线性相关；但在节理为 20 mm 时，当试件强度大于 60 MPa 时，破坏荷载明显加大。这说明，对于裂隙比较发育的岩石，强度小于 60 MPa 时，易于破碎。

试件达到破坏荷载时，压头侵入试件的深度定义为侵入度。强度—侵入度曲线形态基本上为同一种类型（见图 8-38），基本上为先扬后抑型，转折点仍在 60 MPa，当试件强度大于 60 MPa 时，掘进的侵入度急剧下降。试件强度在 40~60 MPa 时，压头的侵入度快速增加；试件强度由 60~80 MPa 时，压头的侵入度急剧减少。这种现象说明试件强度与侵入度间存在较复杂的关系，这种关系可以通过试件的破裂形态进行解释。

上述试验表明，试件的强度是影响 TBM 掘进的重要因素，但强度大小与掘进功效并不是线性关系。基本上以 60 MPa 为界，小于 60 MPa 时，TBM 的功效较好，大于 60 MPa 时，随着强度的提高，TBM 的功效下降。在岩石坚硬程度分级中，60 MPa 是坚硬岩和较坚硬岩的分界值；同时，在基于 TBM 施工的围岩分类中，60 MPa 也是个重要的界限值。也就是说，在西线工程区，TBM 在坚硬岩中施工，其功效是低于其他类岩石的。

图 8-39 为结构面间距 40 mm、倾角 70°的不同强度试件的试验破坏照片。从图 8-39 中可以看出，强度为 40 MPa 的试件在出现明显斜向裂纹、较小侵入度情况下出现破坏；强度为 60 MPa 的试件破坏时压头周围剥落量大，降低了压头附近试件的刚度，因此侵入度较大；强度为 80 MPa 试件压头周围虽然存在剥离现象，但由于试件本身强度高，脆性和刚度大，加载过程中压头接触处存在较大的粉状压碎区，压头周围出现裂纹，较大的压碎区和裂纹扩展消耗了大量的能量，因此试件破坏荷载大，侵入度小。

试件强度与侵入度及破坏荷载的关系表明，TBM 施工参数的选择必须充分考虑岩体

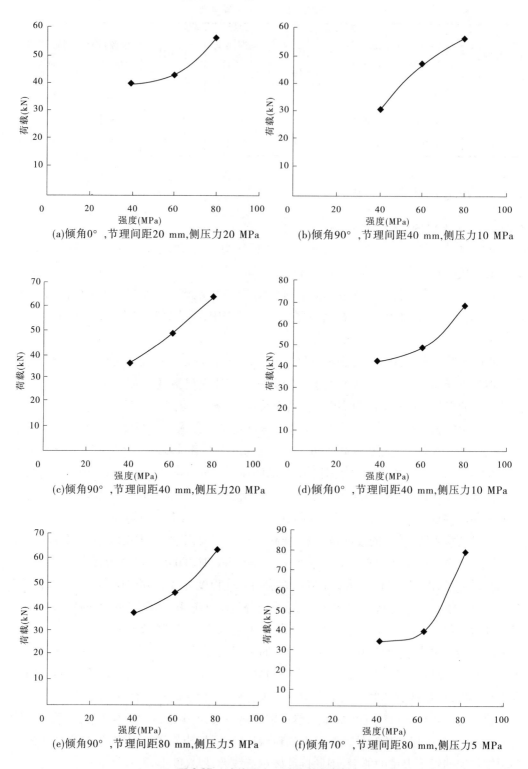

图 8-37　试件强度—破坏荷载曲线

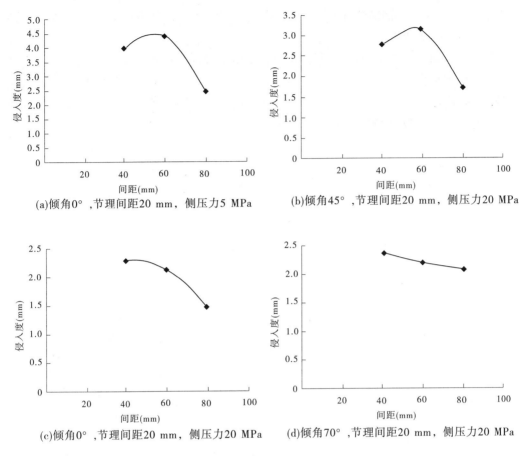

(a)倾角0°,节理间距20 mm,侧压力5 MPa　　　(b)倾角45°,节理间距20 mm,侧压力20 MPa

(c)倾角0°,节理间距20 mm,侧压力20 MPa　　　(d)倾角70°,节理间距20 mm,侧压力20 MPa

图 8-38　试件强度—侵入度曲线

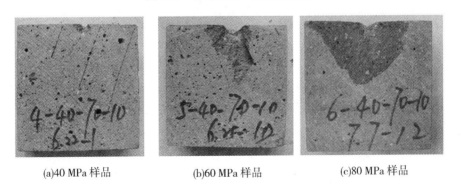

(a)40 MPa 样品　　　　　(b)60 MPa 样品　　　　　(c)80 MPa 样品

图 8-39　试件破坏照片

的强度影响:围岩强度高,选取的机具必须具有较高的推力,当岩体强度更高时,TBM 施工效率将下降。因此,岩体的强度直接影响机具的选择和施工进度的安排。

8.2.1.2　侧压力对掘进行为的影响

由于南水北调西线工程处于高地应力区,深埋长隧道的开挖将不可避免地受到地应力影响。为研究地应力对 TBM 施工的影响,试验通过侧压方式模拟围岩地应力,研究

TBM 在不同强度、不同结构面围岩条件下地应力的影响。试验考虑 3 种地应力条件:5 MPa、10 MPa 和 20 MPa。

　　侧压力—破坏荷载典型曲线见图 8-40。图中试件破坏强度与侧压力基本上为递增关系,侧压力增加试件的破坏荷载,降低试件的侵入度。由于试件存在结构面,且加载区域较小,侧压对试件破坏强度的影响不如三轴试验结果明显,但总的来说反映了一个趋势,即侧压增加了试样的破坏荷载。

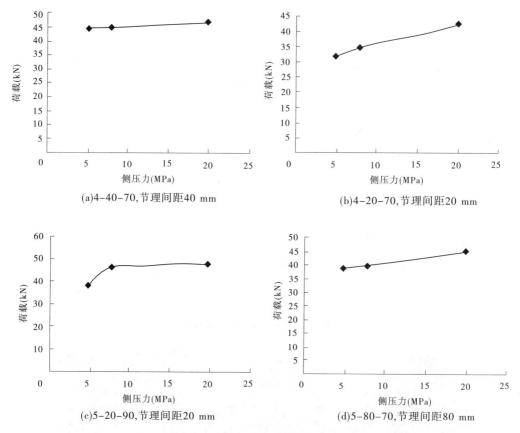

图 8-40　侧压力—破坏荷载典型曲线

　　图 8-41 为侧压力—侵入度典型曲线,由于试验工况的差别,图 8-41 侧压力与侵入度的关系不尽相同,但基本上表现出相近的趋势,即侧压力降低试件的侵入度。

　　图 8-42 为侧压力对试件位移场影响对比图。图中位移场为数字散斑技术处理后的强度相同、结构面间距均为 20 mm 试件垂直方向位移云图,其中图 8-42(a)侧压力为 5 MPa,图 8-42(b)侧压力为 10 MPa。从图中可以明显看出,侧压力增加导致位移场分散,变形范围扩大,导致试件破坏时的侵入度降低。

　　因此,TBM 施工时,较高地应力需要增加轴向推力,并且由于侵入度的降低,地应力将明显降低 TBM 施工效率。

8.2.1.3　结构面间距—破坏荷载试验

　　为研究结构面密度对 TBM 施工的影响,试验设置三种间距结构面间距:20 mm、40

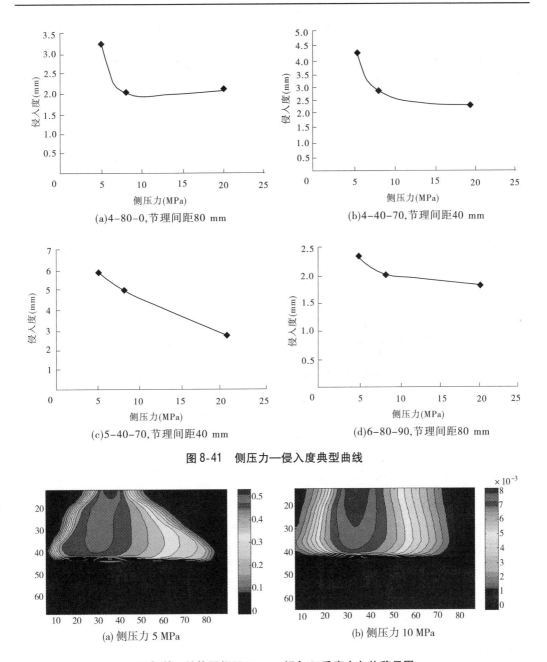

(a)4-80-0,节理间距80 mm

(b)4-40-70,节理间距40 mm

(c)5-40-70,节理间距40 mm

(d)6-80-90,节理间距80 mm

图 8-41　侧压力—侵入度典型曲线

(a) 侧压力 5 MPa

(b) 侧压力 10 MPa

图 8-42　结构面间距 20 mm,倾角 0°垂直方向位移云图

mm 和 80 mm,分别研究试样对不同工况的响应。图 8-43 为结构面间距—破坏荷载典型曲线,图 8-44 为结构面间距—侵入度典型曲线。

　　试件的破坏是裂隙发展到一定程度的宏观效应,因此如果试件本身存在结构面且该结构面为优势面,那么结构面的存在将有利于试件破裂。图 8-43 说明,强度、侧压力和倾角相同的试件,结构面间距越小,试件越容易破坏,但由于结构面的产状不同,间距影响不尽相同。

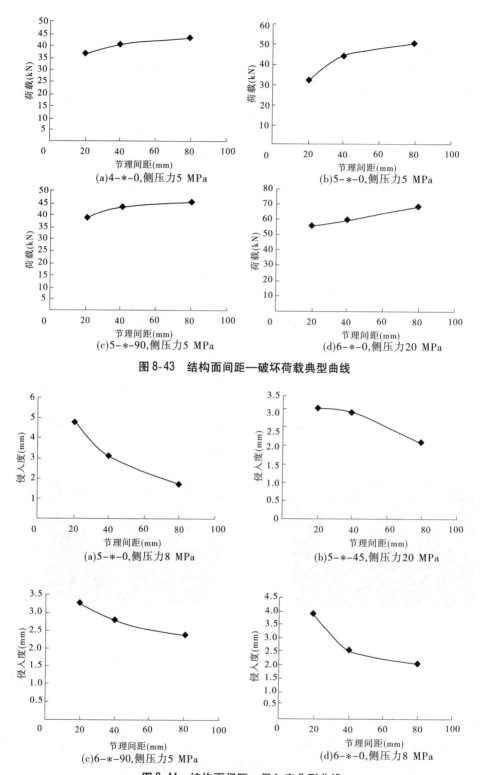

(a)4-*-0,侧压力5 MPa　　　　(b)5-*-0,侧压力5 MPa

(c)5-*-90,侧压力5 MPa　　　　(d)6-*-0,侧压力20 MPa

图 8-43　结构面间距—破坏荷载典型曲线

(a)5-*-0,侧压力8 MPa　　　　(b)5-*-45,侧压力20 MPa

(c)6-*-90,侧压力5 MPa　　　　(d)6-*-0,侧压力8 MPa

图 8-44　结构面间距—侵入度典型曲线

图 8-44 说明,结构面间距越大,刀具的侵入度越小。相比试件强度—侵入度曲线(见图 8-38),说明试件结构面间距的大小反映试件整体强度和刚度状况,结构面间距越大,试件的整体强度和刚度越大。上述结构面间距—破坏荷载试验中,以 40 MPa 为界,破坏荷载和侵入度都有比较明显的变化。

图 8-45 为不同结构面间距试件的垂直位移云图。图 8-45(a)为间距为 20 mm、倾角 0°、侧压为 5 MPa 试件垂直向位移场,图 8-45(b)为间距为 40 mm、倾角 0°、侧压为 5 MPa 试件垂直向位移场。图中结构面对位移场的发展起到抑制作用,随着结构面间距的增大,位移场明显发散。

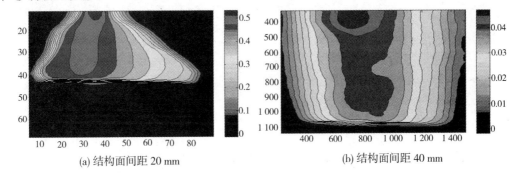

(a) 结构面间距 20 mm　　　　　　　(b) 结构面间距 40 mm

图 8-45　倾角 0°,侧压力 5 MPa 试件垂直向位移云图

8.2.1.4　倾角—破坏荷载试验

为研究结构面倾角对试件破裂的影响,试验设置 4 组倾角(结构面与加载面的夹角):0°、45°、70°和 90°。图 8-46 和图 8-47 分别为倾角—破坏荷载典型曲线和倾角—侵入度典型曲线。

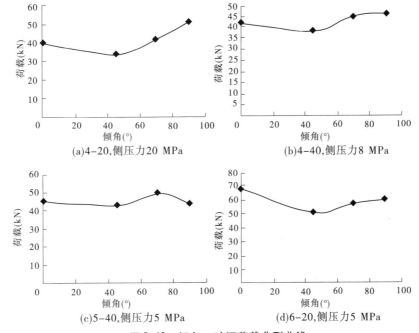

(a)4-20,侧压力 20 MPa　　　　　　　(b)4-40,侧压力 8 MPa

(c)5-40,侧压力 5 MPa　　　　　　　(d)6-20,侧压力 5 MPa

图 8-46　倾角—破坏荷载典型曲线

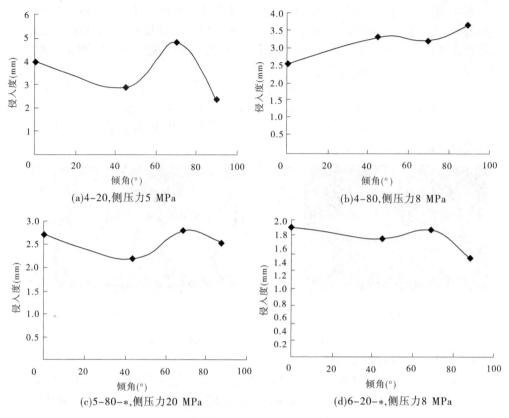

(a)4-20,侧压力5 MPa　　　　(b)4-80,侧压力8 MPa

(c)5-80-*,侧压力20 MPa　　　　(d)6-20-*,侧压力8 MPa

图 8-47　倾角—侵入度典型曲线

　　由图 8-46 知,结构面间距小的试件,其破坏荷载受倾角控制。如间距为 20 mm 和 40 mm 的试件,当倾角为 45°时,破坏荷载最小,而间距为 80 mm 的试件,破坏荷载几乎不受倾角的影响。试件破坏荷载与结构面倾角的关系可以通过岩体破坏的基本理论进行解释。在锥形压头作用下,压头附近的岩体先进入屈服状态,随着荷载的增大,屈服面产生裂纹并扩张,当裂纹与结构面联通时,岩体即告破坏。当结构面间距较小、角度适中时,结构面即成为优势结构面,岩体极易破坏。当间距足够大时,岩体破坏时裂纹不经过结构面,此时结构面的倾角不影响破坏强度。

　　因此,在基于 TBM 施工的围岩分类中,节理的间距比倾角对 TBM 的功效影响更大,对岩石的分类影响也更大,但对于极薄层理的板岩层而言,倾角又是一个重要的影响因素。

　　图 8-48 为结构面间距为 40 mm、倾角 45°、侧压 5 MPa 的试件最大剪应变云图。图中首先在 45°结构面处最大剪应变局部化,发展成裂纹,后来形成的环状剪应变带向结构面方向发展,最终与结构面连接,导致试件破坏。因此,在此工况下,结构面为破坏优势结构面。

　　图 8-49 为结构面间距为 40 mm 和 80 mm 试件破坏照片。图 8-49(a)间距为 40 mm,

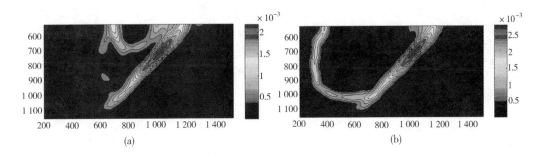

图 8-48　最大剪应变云图

图中倾角为 45°时,破坏时裂纹明显与结构面连接;而图 8-49(b)间距为 80 mm,结构面对试件破坏没有影响。

结构面的倾角对侵入度的影响与对破坏强度的影响类似。在图 8-48 中,结构面间距为 20 mm 和 40 mm 的试件侵入度受倾角影响较明显,而间距为 80 mm 的则不明显。

　　　　(a) 结构面间距 40 mm　　　　　　　　　　　　(b) 结构面间距 80 mm

图 8-49　结构面倾角与试件破坏关系照片

8.2.2　双刀具试验结果及分析

为研究 TBM 滚刀间距对破岩效率的影响,在完整试件和含结构面的试件上进行 4 种刀间距试验,刀间距分别为 40 mm、50 mm、60 mm 和 70 mm。

完整试件试验位移—荷载曲线见图 8-50。

分析试件破裂时的参量仅考虑峰值荷载时的侵入度和荷载。图 8-51 为双刀具试验刀间距—侵入度曲线。图 8-52 为双刀具试验刀间距—破坏荷载曲线。由图 8-51 可知,刀间距—侵入度曲线呈现上凸形态,侵入度为 1.33 ~ 1.94 mm,刀间距为 50 mm 时侵入度最大。由图 8-52 可知,试件破坏荷载在刀间距为 40 mm、50 mm 时变化不大,在刀间距为 60 mm 时最大(108 kN),在刀间距为 70 mm 时最小(87 kN)。由图 8-51 和图 8-52 曲线可知,试件破坏时的侵入度与刀间距关系明显,而破坏荷载与刀间距关系不明显。同时,试验表明,刀具在 50 mm 左右时,破岩的效果最好。

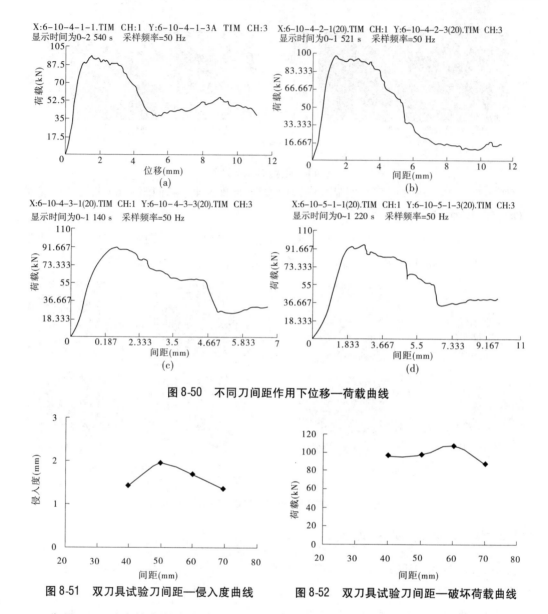

图 8-50 不同刀间距作用下位移—荷载曲线

图 8-51 双刀具试验刀间距—侵入度曲线　　图 8-52 双刀具试验刀间距—破坏荷载曲线

衡量 TBM 破岩效率的主要参数为比能(Specific Energy,简称 SE)。比能 *SE* 定义式为

$$SE = \frac{E}{V} \tag{8-5}$$

式中:*E* 为岩体剥落消耗的能量;*V* 为岩体剥落体积。

比能的物理意义为单位体积岩体剥落所消耗的能量。根据定义,如果剥落单位体积岩体消耗能量越高,即比能越高,说明机械破岩效率越低。显然,如果岩体以块状剥落,其消耗的能量比粉状剥落要低。对于双刀具试验,不同的刀间距,会产生不同的破裂效果,因此试验用比能衡量破岩效率。

图 8-53 为双刀具试验完整试件刀间距—比能关系曲线。图中趋势非常明显：随着刀间距的增大，试件破坏的比能降低，刀间距 40 mm 时比能为 37 MJ/m^3，而刀间距 70 mm 时比能为 19 MJ/m^3。由于试验设备几何尺寸的限制，更大刀间距试验无法完成。根据相关资料，存在最优刀间距，大约在刀间距与侵入度之比为 10 时比能最小。

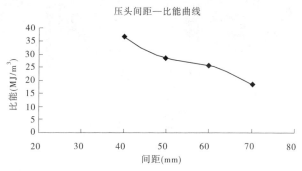

图 8-53　双刀具试验完整试件刀间距—比能关系曲线

刀间距和比能的关系反映了刀头的破岩效率。在双刀具作用下，岩体破碎剥落是由于两个刀头产生的裂隙发生贯通的结果。当刀间距较小时，岩体产生的裂纹在较短的距离即贯通，剥落的块体较小，因此单位体积消耗的能量大。对于过大的刀间距，由于两刀具间产生的裂纹连接之前，裂纹已经抵达自由面，因此作用效果相当于单刀具，岩体剥落块体小，因此单位体积消耗能量大。只有当两刀具在某一恰当的距离时，所产生的裂纹刚好能够连接，此时剥落块体最大，单位体积消耗能量最小。

图 8-54 为双刀具作用下不同刀间距垂直方向位移云图。根据图 8-54 可知，两刀头间

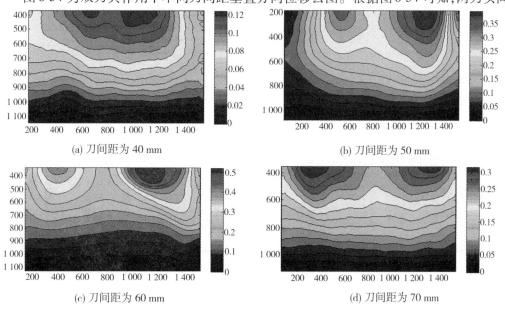

(a) 刀间距为 40 mm

(b) 刀间距为 50 mm

(c) 刀间距为 60 mm

(d) 刀间距为 70 mm

图 8-54　双刀具作用下不同刀间距垂直方向位移云图

距为 40 mm 时其作用位移场互相影响,刀间距越大,位移场互相影响越小。图 8-55 为双刀具作用下完整试件破裂后照片,图中间距为 40 mm 和 50 mm 的试件其破裂面明显小于间距为 60 mm 和 70 mm 的试件。

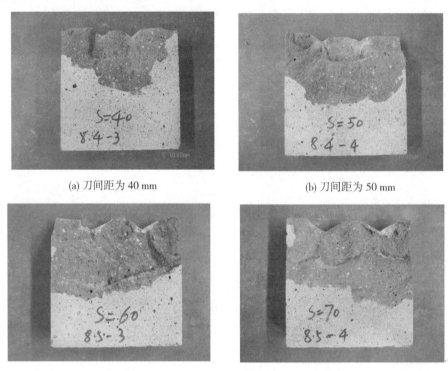

(a) 刀间距为 40 mm　　　　　　　　　　　(b) 刀间距为 50 mm

(c) 刀间距为 60 mm　　　　　　　　　　　(d) 刀间距为 70 mm

图 8-55　双刀具作用下完整试件破裂后照片

　　在双刀具作用下,当存在优势结构面时,试件的破坏受结构面控制。图 8-56 为结构面间距 20 mm、倾角 45°、侧压力 10 MPa 试件最大剪应变云图,由于剪应变局部化代表裂纹的发展方向,图中裂纹与结构面连接。图 8-57 为试件破坏照片,照片显示,由于结构面的存在,破裂面限制在结构面控制范围内。

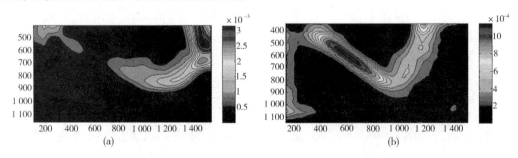

图 8-56　双刀具作用下含结构面试件最大剪应变云图

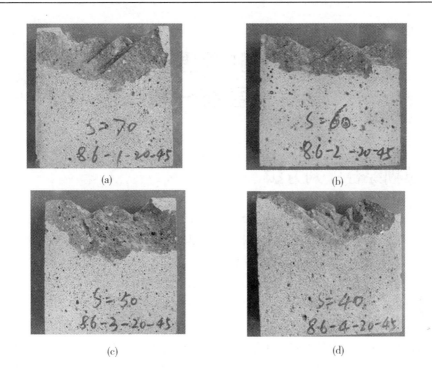

(a)　　　　　　　　　　　　　　　　　(b)

(c)　　　　　　　　　　　　　　　　　(d)

图 8-57　试件破坏照片

第9章　隧洞围岩分类的
模糊－层次分析模型

9.1　模糊综合评判方法

要正确评价一个具体对象,应当先对这个对象的若干方面(称为因素)给出适当的评语,然后再进行综合。要评价围岩,应先对各指标(饱和单轴抗压强度 RC、岩石质量指标 RQD 等)单独进行评判(单因素评判),然后综合(综合评判)。这里的围岩指标就是因素,记 $U = \{u_1, u_2, \cdots, u_m\}$ 为评判因素集。评判的结果就是评语,如把围岩分为 5 个等级,用 V 表示评语集。围岩分级问题 V 是有限集,如 $V = (I, II, III, IV, V)$。V 也可以是实轴上的区间,如 $V = [0,1]$,或 $V = [0,100]$ 等(相当于评分),在此考虑有限集的情形。

在普通分类中,某个分类对象被清晰地划归某一个级别,但对象划归各级别的边界往往不是清晰的,人为划定会存在不合理性,如饱和单轴抗压强度 $RC(0,5)$ 为 V 级,$(5,15)$ 为 IV 级,$(15,30)$ 为 III 级,$(30,60)$ 为 II 级,$(60,\infty)$ 为 I 级,造成边界附近指标值相差极微就划归不同级别,换言之分级边界本身存在模糊性。比较科学而符合实际的做法就是引进模糊集,模糊概念不能用普通集合来描述,是因为不能绝对地区别"属于"或"不属于",而只能问属于的程度,就是说论域上的元素符合概念的程度不是绝对的 0 或 1,而是介于 0 和 1 之间的一个实数。

9.1.1　模糊集合的概念

从论域 U 到闭区间 $[0,1]$ 的任意一个映射: $\underset{\%}{A} : U \rightarrow [0,1]$,对任意 $u \in U, u \xrightarrow{\underset{\%}{A}} \underset{\%}{A}(u)$,$\underset{\%}{A}(u) \in [0,1]$,那么 $\underset{\%}{A}$ 叫做 U 的一个模糊子集,$\underset{\%}{A}(u)$ 叫做 u 的隶属函数,也记做 $\mu_{\underset{\%}{A}}(u)$。

所谓模糊集合,实质上是论域 U 到 $[0,1]$ 上的一个映射,而对于模糊子集的运算实际上可以转换成为对隶属函数的运算。假设给定有限论域 $U = \{a_1, a_2, \cdots, a_n\}$,它的模糊子集 $\underset{\%}{A}$ 可以用查德给出的表示法表示为

$$\underset{\%}{A} = \frac{\mu_{\underset{\%}{A}}(a_1)}{a_1} + \frac{\mu_{\underset{\%}{A}}(a_2)}{a_2} + \cdots + \frac{\mu_{\underset{\%}{A}}(a_i)}{a_i} + \cdots + \frac{\mu_{\underset{\%}{A}}(a_n)}{a_n} \tag{9-1}$$

式中: $a_i \in U (i = 1, 2, \cdots, n)$ 为论域里的元素; $\mu_{\underset{\%}{A}}(a_i)$ 是 a_i 对 $\underset{\%}{A}$ 的隶属函数,$0 \leqslant \mu_{\underset{\%}{A}}(a_i) \leqslant 1$。式(9-1)表示一个有 n 个元素的模糊子集。" + "叫做查德记号,不是求和。

如某个围岩样品就饱和单轴抗压强度 RC 而言,在其分级论域上的模糊子集 $\underset{\%}{A}$ 为

$$\underset{\%}{A} = \frac{\mu_{\underset{\%}{A}}(a_1)}{a_1} + \frac{\mu_{\underset{\%}{A}}(a_2)}{a_2} + \frac{\mu_{\underset{\%}{A}}(a_3)}{a_3} + \frac{\mu_{\underset{\%}{A}}(a_4)}{a_4} + \frac{\mu_{\underset{\%}{A}}(a_5)}{a_5}$$

由此看出,模糊分级实际上只描述对象隶属于某级别的的程度,也可不用查德表示法而以模糊向量表示为

$$\underset{\%}{A} = \{(a_1,\mu_{\underset{\%}{A}}(a_1)),(a_2,\mu_{\underset{\%}{A}}(a_2)),(a_3,\mu_{\underset{\%}{A}}(a_3)),(a_4,\mu_{\underset{\%}{A}}(a_4)),(a_5,\mu_{\underset{\%}{A}}(a_5)) \quad (9\text{-}2)$$

9.1.2　模糊综合的评判方法与一般步骤

9.1.2.1　评判函数

前述单因素评判就是确定某个指标属于各级的隶属度。模糊综合评判和普通评判方法相同,为了进行综合评判,先进行单因素评判,即确定映射 $\alpha: U \to V$,且对于任意 $u_i \in U$,记 $a_i = \alpha(u_i)$,称 a_i 为对因素 u_i 的评价。α 称为单因素评判函数。

关于综合评判,则需引入 V_m 到 V 的映射。V_m 是单因素,即设 $f: V_m \to V$,满足条件:①正则性:若 $x_1 = x_2 = \cdots = x_m = x$,则 $f(x_1,x_2,\cdots,x_m) = x$;②单增性:$f(x_1,x_2,\cdots,x_m)$ 关于所有变元是单调增加的,即对于任意 i,若 $x_i^{(1)} \leqslant x_i^{(2)}$,则 $f(x_1,\cdots,x_{i-1},x_i^{(1)},x_{i+1},\cdots,x_m) \leqslant f(x_1,\cdots,x_{i-1},x_i^{(2)},x_{i+1},\cdots,x_m)$;③连续性:$f(x_1,x_2,\cdots,x_m)$ 关于所有变元是连续的。称 f 为综合评判函数。

设 U、V 分别是评判因素集和评语集,$\alpha: U \to V$ 是单因素评判函数,则 $f(\alpha(u_1),\alpha(u_2),\cdots,\alpha(u_m))$ 就是对 U 的综合评判。

常用的综合评判函数总与一个权向量有关,且常涉及以下两类权向量 $W = (w_1,w_2,\cdots,w_m) \in I_m$:

(1)归一化权向量:$\sum\limits_{i=1}^{m} W_i = 1$;

(2)正规化权向量:$\bigvee\limits_{i=1}^{m} W_i = 1$。

归一化权向量与正规化权向量是可以相互转换的。

以下是几种常用的综合评判函数。

1)加权平均型

设 $W = (w_1,w_2,\cdots,w_m) \in I_m$ 是归一化权向量,对于任意 $(x_1,x_2,\cdots,x_m) \in I_m$,令 $f_1(x_1,x_2,\cdots,x_m) = \sum\limits_{i=1}^{m} w_i x_i$,$f_1$ 称为加权平均型综合评判函数。其中 w_i 可解释为第 i 个因素在综合评判中所占的比重。f_1 除满足正则性、单增性和连续性外,还满足可加性。即若有 $(x'_1,x'_2,\cdots,x'_m),(x''_1,x''_2,\cdots,x''_m) \in I_m$,且 $(x'_1 + x''_1,x'_2 + x''_2,\cdots,x'_m + x''_m) \in V_m$,则 $f_1(x'_1 + x''_1,x'_2 + x''_2,\cdots,x'_m + x''_m) = f_1(x'_1,x'_2,\cdots,x'_m) + f_1(x''_1,x''_2,\cdots,x''_m)$

2)几何平均型

设 $W = (w_1,w_2,\cdots,w_m) \in I_m$ 是归一化权向量,对于任意 $(x_1,x_2,\cdots,x_m) \in I_m$,令 $f_2(x_1,x_2,\cdots,x_m) = \prod\limits_{i=1}^{m} w_i x_i$,$f_2$ 称为几何平均型综合评判函数,这里 w_i 是几何权数。容易证

明,对于任意确定的 $(w_1,w_2,\cdots,w_m)\in I_m$ 和任意 $(x_1,x_2,\cdots,x_m)\in I_m$,总有 $f_2(x_1,x_2,\cdots,x_m)\leqslant f_1(x_1,x_2,\cdots,x_m)$,且若有 i 使 $x_i=0$,则 $f_2=0$,但 f_1 未必为 0。f_2 除满足正则性、单增性、连续性外,还满足可乘性。即若 $(x'_1,x'_2,\cdots,x'_m),(x''_1,x''_2,\cdots,x''_m)\in I_m$,则

$$f_2(x'_1x''_1,x'_2x''_2,\cdots,x'_mx''_m)=f_2(x'_1,x'_2,\cdots,x'_m)f_2(x''_1,x''_2,\cdots,x''_m)$$

3) 单因素决定型

设 $W=(w_1,w_2,\cdots,w_m)\in I_m$ 是正规化的权向量,对于任意 $(x_1,x_2,\cdots,x_m)$, $x_m=(w_ix_i,f)\in I_m$,$f_3(x_1,x_2,\cdots,x_m)=\bigvee_{i=1}^{m}(w_i\wedge x_i)$,$f_3$ 称为单因素决定型综合评判函数。这里 w_i 可解释为第 i 个因素在综合评判中所显示的重要性的上界。

若 $\bigvee_{i=1}^{m}(w_i\wedge x_i)=(w_k\wedge x_k)$,则就是 f_3 的值,这说明综合评判的结果取决于第 k 个因素。

4) 主因素突出型

设 $W=(w_1,w_2,\cdots,w_m)\in I_m$ 是正规化的权向量,对于任意 $(x_1,x_2,\cdots,x_m)\in I_m$,若令 $f_4(x_1,x_2,\cdots,x_m)=\bigvee_{i=1}^{m}w_i\perp x_i$,称 f_4 为主因素突出型综合评判函数。

9.1.2.2 评判步骤

模糊综合评判的一般步骤如下:

(1) 确定评价对象的因素集 $U=\{x_1,x_2,\cdots,x_n\}$,考虑 5 个因素;

(2) 确定评语集,考虑 5 个评语,即 5 个分级;

(3) 作出单因素评价 $R=(r_{ij})_{n\times m}$ 及确定模糊关系矩阵;

(4) 确定权重,可由专家直接给出,或用层次分析方法确定。

(5) 综合评判,一次评判用上述 4 种评判函数分别评判,二次评判以 4 种评判结果作为因素集,采用等权方法进行二次评判,以二次评判结果作为最终综合评判结果。

9.1.2.3 单因素评判

单因素评判有两种方案:方案 1 直接给出各因素隶属每个级别的隶属度,及预先确定模糊关系矩阵(5×5 方阵);方案 2 对指标值在实数域内连续变化的因素,可考虑分析函数方法确定。

通常对连续取值指标分级时,就是把变化范围(区间)划分成与级别数相同的若干子区间。清晰分类方法认为每个子区间为一个级别,如饱和单轴抗压强度 $RC[0,80]$,按 5 级分类可划分为 5 个子区间,即 $[0,80]=[0,30]\cup[30,50]\cup[50,60]\cup[60,70]\cup[70,80]$,如果按线性分级,分属 $\{5,4,3,2,1\}$ 级,假如认为子区间 $[50,60]$ 应属于 1 级,那么级别便不随指标值变化而单调变化,或者说分级按指标值非线性变化。无论如何,分级与指标值子区间是一一对应的,把这种对应叫指标的子区间映射。若考虑模糊性,这种对应就不再是一对一了,一个子区间可以隶属于不同级别,只是程度不同而已,为此,可把清晰分类方法中的对应关系的子区间叫做某级别的主区间,简称级别主区间。例如,上述区间 $[50,60]$ 叫 RC 属于 1 级的主区间,偏离该区间的指标值属于 1 级的程度,即隶属度,肯定小于主区间隶属同一级的隶属度,由此可归纳解析隶属函数,实现单因素评判的分析计算,归纳方法如下:

(1) 确定指标主区间,由界限值自然划分区间,(如 RC:$\{0,30,50,60,70,80\}$ 自然分

成前述 5 个区间,interval = $\{[0,30],[30,50],[50,60],[60,70],[70,80]\}$,子区间序号 $n = \{1,2,3,4,5\}$)。

(2)按清晰分类经验选择子区间 interval 到级别的映射,即级别主区间映射 order:interval→n,如选 RC 的级别主区间映射 order = $\{5,3,1,2,4\}$,或理解为函数 order(interval) = $\{5,3,1,2,4\}$,即序号为 $n = \{1,2,3,4,5\}$ 的子区间分别为 $\{5,3,1,2,4\}$ 级别的主区间。

(3)选择隶属函数的形式,参考有关文献初步觉得选"S"型分段曲线有较好的性质。通用表达形式如下

$$\text{左边型}\quad \mu(x) = \begin{cases} 0 & x \leqslant a \\ \dfrac{2(-a+x)^2}{(-a+c)^2} & a < x \leqslant b \\ 1 - \dfrac{2(-c+x)^2}{(-a+c)^2} & b < x \leqslant c \\ 1 & x > c \end{cases} \tag{9-3}$$

$$\text{右边型}\quad \mu(x) = \begin{cases} 1 & x \leqslant a \\ 1 - \dfrac{2(-a+x)^2}{(-a+c)^2} & a < x \leqslant b \\ \dfrac{2(-c+x)^2}{(-a+c)^2} & b < x \leqslant c \\ 0 & x > c \end{cases} \tag{9-4}$$

$$\text{双边型}\quad \mu(x) = \begin{cases} \dfrac{2(-a+x)^2}{(-a+c)^2} & a < x \leqslant b \\ 1 - \dfrac{2(-c+x)^2}{(-a+c)^2} & b < x \leqslant c \\ 1 & c < x \leqslant d \\ 1 - \dfrac{2(-d+x)^2}{(-d+f)^2} & d < x \leqslant e \\ \dfrac{2(-f+x)^2}{(-d+f)^2} & e < x \leqslant f \\ 0 & x > f \end{cases} \tag{9-5}$$

(4)计算隶属函数曲线的参数。

其中参数 a,b,c,d,e,f 应满足 $b = (a+c)/2$,$e = (d+f)/2$,对于双边型,当 $c \neq d$ 时带有平顶,当 $c = d$ 时没有平顶,如图 9-1 所示。

参数可以按形状要求计算出来,对于 5 分级方案,每个指标有 5 条曲线,级别主区间在中部采用双边型,无平顶时仅区间中点隶属度为 1,在最左端采用右边型,在最右端采用左边型。

(5)单因素评判。对 5 因素 5 分级,共有 25 条隶属函数曲线,这样给出一个围岩样本,就可以解析计算其隶属各级的隶属度,完成单因素评判。

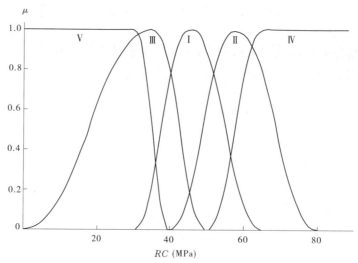

图 9-1　饱和单轴抗压强度 RC 的隶属函数曲线图

9.2　层次分析法确定权重

前面的模糊综合评判需要各因素的权重,可以专家指定,但任意性过大,尤其是对复杂的评价问题,影响评价结果的质量,而层次分析法(Analytic Hierarchy Process,简称 AHP)不需专家直接给定权系数,只需对因素的两两对比的重要性进行描述就可以了。

层次分析法是对一些较为复杂、较为模糊的问题作出决策的简易方法,它特别适用于那些难以完全定量分析的问题。它是美国运筹学家 T. L. Saaty 教授于 20 世纪 70 年代初期提出的一种简便、灵活而又实用的多准则决策方法。

人们在进行社会的、经济的以及科学管理领域问题的系统分析中,面临的常常是一个由相互关联、相互制约的众多因素构成的复杂而往往缺少定量数据的系统。层次分析法为这类问题的决策和排序提供了一种新的、简洁而实用的建模方法。

运用层次分析法建模,大体上可按下面的步骤进行。

9.2.1　建立递阶层次结构模型

应用层次分析法分析决策问题时,首先要把问题条理化、层次化,构造出一个有层次的结构模型。在这个模型下,复杂问题被分解为元素的组成部分。这些元素又按其属性及关系形成若干层次。上一层次的元素作为准则对下一层次的有关元素起支配作用。这些层次可以分为三类:

①最高层。这一层次中只有一个元素,一般它是分析问题的预定目标或理想结果,因此也称为目标层。

②中间层。这一层次中包含了为实现目标所涉及的中间环节,它可以由若干个层次组成,包括所需考虑的准则、子准则,因此也称为准则层。

③最底层。这一层次包括为实现目标可供选择的各种措施、决策方案等,因此也称为措施层或方案层。

　　递阶层次结构中的层次数与问题的复杂程度及需要分析的详尽程度有关,一般层次数不受限制。每一层次中各元素所支配的元素一般不要超过 9 个,这是因为支配的元素过多会给两两比较判断带来困难。

　　分层次主要是为了方便,对于 5 因素 5 分级来说,一个层次就够了。下面结合一个实例来说明递阶层次结构的建立。

9.2.2　构造判断矩阵

　　层次结构反映了因素之间的关系,但准则层中的各准则在目标衡量中所占的比重并不一定相同,在决策者的心目中,它们各占有一定的比例。在确定影响某因素的诸因子在该因素中所占的比重时,遇到的主要困难是这些比重常常不易定量化。此外,当影响某因素的因子较多时,直接考虑各因子对该因素有多大程度的影响,常常会因考虑不周全、顾此失彼而使决策者提出与他实际认为的重要性程度不相一致的数据,甚至有可能提出一组隐含矛盾的数据。

　　可作如下假设:将一块质量为 1 kg 的石块砸成 n 小块,则可以精确称出它们的质量,设为 $w_1, w_2, \cdots, w_n$,现在,请人估计这 n 小块的质量占总质量的比例(不能让他知道各小石块的质量),此人不仅很难给出精确的比值,而且完全可能因顾此失彼而提供彼此矛盾的数据。设现在要比较 n 个因子 $X = \{x_1, x_2, \cdots, x_n\}$ 对某因素 Z 的影响大小,怎样比较才能提供可信的数据呢? Saaty 等建议可以采取对因子进行两两比较建立成对比较矩阵的办法。即每次取两个因子 x_i 和 x_j,以 a_{ij} 表示 x_i 和 x_j 对因素 Z 的影响大小之比,全部比较结果用矩阵 $A = (a_{ij})_{n \times n}$ 表示,称 A 为 $Z - X$ 之间的成对比较判断矩阵(简称判断矩阵)。容易看出,若 x_i 与 x_j 对因素 Z 的影响之比为 a_{ij},则 x_j 与 x_i 对因素 Z 的影响之比应为 $a_{ji} = \dfrac{1}{a_{ij}}$。

　　定义 1　若矩阵 $A = (a_{ij})_{n \times n}$ 满足 $a_{ij} > 0$ 和 $a_{ji} = \dfrac{1}{a_{ij}} (i, j = 1, 2, \cdots, n)$,则称之为正互反矩阵(易见 $a_{ii} = 1, i = 1, \cdots, n$)。

　　关于如何确定 a_{ij} 的值,Saaty 等建议引用数字 $1 \sim 9$ 及其倒数作为标度。表 9-1 列出了 $1 \sim 9$ 标度的含义。

表 9-1　$1 \sim 9$ 标度含义

标度	含义
1	表示两个因素相比,具有相同的重要性
3	表示两个因素相比,前者比后者稍重要
5	表示两个因素相比,前者比后者明显重要
7	表示两个因素相比,前者比后者强烈重要
9	表示两个因素相比,前者比后者极端重要
2,4,6,8	表示上述相邻判断的中间值
倒数	若因素 i 与因素 j 的重要性之比为 a_{ij},那么因素 j 与因素 i 的重要性之比为 $a_{ji} = \dfrac{1}{a_{ij}}$

从心理学的观点来看,分级太多会超越人们的判断能力,既增加了作判断的难度,又容易因此而提供虚假数据。Saaty 等还用试验方法比较了在各种不同标度下人们判断结果的正确性,试验结果也表明,采用 1~9 标度最为合适。

最后,应该指出,一般作$\frac{n(n-1)}{2}$次两两判断是必要的。有人认为把所有元素都和某个元素比较,即只作 $n-1$ 个比较就可以了。这种做法的弊病在于:任何一个判断的失误均可导致不合理的排序,而个别判断的失误对于难以定量的系统往往是难以避免的。进行$\frac{n(n-1)}{2}$次比较可以提供更多的信息,通过各种不同角度的反复比较,从而导出一个合理的排序。

9.2.3　层次单排序及一致性检验

判断矩阵 A 对应于最大特征值 $\lambda_{\max}$ 的特征向量 W,经归一化后即为同一层次相应因素对于上一层次某因素相对重要性的排序权值,这一过程称为层次单排序。

上述构造成对比较判断矩阵的办法虽能减少其他因素的干扰,较客观地反映出一对因子影响力的差别。但综合全部比较结果时,其中难免包含一定程度的非一致性。如果比较结果是前后完全一致的,则矩阵 A 的元素还应当满足:$a_{ij}a_{jk}=a_{ik}$,$\forall i,j,k=1,2,\cdots,n$。满足此关系式的正互反矩阵称为一致矩阵。

需要检验构造出来的(正互反)判断矩阵 A 是否严重地非一致,以便确定是否接受 A。

定理1　正互反矩阵 A 的最大特征根 $\lambda_{\max}$ 必为正实数,其对应特征向量的所有分量均为正实数。A 的其余特征值的模均严格小于 $\lambda_{\max}$。

定理2　若 A 为一致矩阵,则有:

①A 必为正互反矩阵。

②A 的转置矩阵 A^{T} 也是一致矩阵。

③A 的任意两行成比例,比例因子大于零,从而 $\mathrm{rank}(A)=1$(同样,A 的任意两列也成比例)。

④A 的最大特征值 $\lambda_{\max}=n$,其中 n 为矩阵 A 的阶。A 的其余特征根均为零。

⑤若 A 的最大特征值 $\lambda_{\max}$ 对应的特征向量为 $W=(w_1,w_2,\cdots,w_n)^{\mathrm{T}}$,则 $a_{ij}=\dfrac{w_i}{w_j}$,$\forall i,j=1,2,\cdots,n$,即

$$A=\begin{bmatrix}\dfrac{w_1}{w_1}&\dfrac{w_1}{w_2}&\cdots&\dfrac{w_1}{w_n}\\[2mm]\dfrac{w_2}{w_1}&\dfrac{w_2}{w_2}&\cdots&\dfrac{w_2}{w_n}\\[1mm]\vdots&\vdots&\vdots&\vdots\\[1mm]\dfrac{w_n}{w_1}&\dfrac{w_n}{w_2}&\cdots&\dfrac{w_n}{w_n}\end{bmatrix}\tag{9-6}$$

定理3　n 阶正互反矩阵 A 为一致矩阵当且仅当其最大特征根 $\lambda_{\max}=n$,且当正互反

矩阵 A 非一致时,必有 $\lambda_{max} > n$。

根据定理3,我们可以由 λ_{max} 是否等于 n 来检验判断矩阵 A 是否为一致矩阵。由于特征根连续地依赖于 a_{ij},故 λ_{max} 比 n 大得越多,A 的非一致性程度也就越严重,λ_{max} 对应的标准化特征向量也就越不能真实地反映出 $X = \{x_1, x_2, \cdots, x_n\}$ 在对因素 Z 的影响中所占的比重。因此,对决策者提供的判断矩阵有必要作一次一致性检验,以决定是否能接受它。

对判断矩阵的一致性检验的步骤如下:

①计算一致性指标 CI

$$CI = \frac{\lambda_{max} - n}{n - 1} \tag{9-7}$$

②查找相应的平均随机一致性指标 RI。对 $n = 1, 2, \cdots, 9$,Saaty 给出了 RI 的值,如表 9-2 所示:

表 9-2　n 与 RI 值一览表

n	1	2	3	4	5	6	7	8	9
RI	0	0	0.58	0.90	1.12	1.24	1.32	1.41	1.45

RI 的值是这样得到的,用随机方法构造 500 个样本矩阵,随机地从 $1 \sim 9$ 及其倒数中抽取数字构造正互反矩阵,求得最大特征根的平均值 λ'_{max},并定义

$$RI = \frac{\lambda'_{max} - n}{n - 1} \tag{9-8}$$

③计算一致性比例 CR

$$CR = \frac{CI}{RI} \tag{9-9}$$

当 $CR < 0.10$ 时,认为判断矩阵的一致性是可以接受的,否则应对判断矩阵作适当修正。

对多层次问题还要进行层次总排序。

9.3　程序应用

9.3.1　软件形式简介

Mathematica 语言软件构建的文档程序混合平台,程序与文档在一个文件内。Mathematica 程序 SRAHPF3.nb 由如下三大部分组成,其中程序函数部分和程序运行指令部分为程序部分。

(1)文档部分。记录分析方法、程序变动及流程图。

(2)程序函数部分(同时摁下 shift + Enter 加载后生效)。

（3）程序运行指令部分（同时摁下 shift ＋ Enter 加载运行指令）。

截图如图9-2所示。

> 1 文档 Document
>
> 2 Function（将鼠标指向并点亮单元括号箭头线，**同时摁下 shift + Enter 键加载，加载后生效**）
>
> 3 Run（将鼠标指向并点亮单元括号箭头线，**同时摁下 shift + Enter 键运行**）

图9-2　截图

鼠标指针指向单元括号左键单击括号被点亮（选中），双击展开单元内容；单元括号点亮后的截图 Run 单元内容处于展开状态。

9.3.2　操作步骤

（1）启动 Mathematica 软件平台。点击桌面 Mathematica 图标，启动 Mathematica 7.0 软件平台（或指向开始 - >所有程序 - >Wolfram Mathematica 7.0），见图9-3。

图9-3　Mathematica 7.0 软件平台

（2）在 Mathematica 7.0 软件平台上载入 SRAHPF3.nb 文件，方法是：指向工具栏，file - >open，在 SRAHPF3.nb 所在的目录（文件夹）上选中 SRAHPF3.nb 文件，即可打开 SRAHPF3.nb 程序，或直接进入该文件夹双击 SRAHPF3.nb 文件即可同时打开 Mathematica7.0 软件平台并载入 SRAHPF3.nb 文件，见图9-4。

图9-4　载入 SRAHPF3.nb 文件

在 SRAHPF3.nb 所在文件夹，建立名为"Result"的文件夹，以存放分析结果。Excel 数据文件名为"data.xls"，存放分析原始数据，应和 SRAHPF3.nb 在同一文件夹，否则程序找不到。

"data.xls"中包含以下6张工作表：

Sheet1：名称输入输出及图表采用名称，可根据具体问题修改（但要注意，级别不能用阿拉伯数字、带圆括号数字、带引号数字，否则结果图标显示不美观）。

Sheet2：（1）～（5）各因素指标分级界点数据，可根据具体问题修改。

Sheet3:第(1)～(5)行分别为第(1)～(5)个因素(指标),第(1)～(5)个级别对应的界限区间即级别主区间,如第一行:5 3 1 2 4,表示对应 RC 因素将第 5 界限区间划为 1 级的主区间,第 3 界限区间划为 2 级的主区间,第 1 界限区间划为 3 级的主区间,第 2 界限区间划为 4 级的主区间,第 4 界限区间划为 5 级的主区间;可根据具体问题修改级别主区间。

Sheet4:层次分析互反矩阵(判断矩阵)。

Sheet5:(1)～(5)各因素指标隶属于(1)～(5)级的预定义隶属度,第 6 行为预定义权重向量,可根据具体问题修改。

Sheet6:各工作表属性解释。

(3)运行 SRAHPF3. nb 程序。将鼠标指向 Function 单元括号线(外侧括号线可以开合,通过鼠标双击可在开、合间切换,合上时程序内容隐藏,这使程序就像一本书的开合,不看的部分可以合上,合上后末端有箭头),点亮外侧括号线,同时摁下

 加载分析用到的所有函数,使其载入内存,激活生效。

将鼠标指向 Run 单元括号线,点亮外侧括号线,同时摁下

 加载运行指令。

分析控制:按(2)加载运行指令后,人机交互采用对话框的方式进行,以下以对话框次序说明。

首先,在屏幕上出现是否显示隶属函数对话框,可按动对话框上的相应按钮:这里有两种选择"0 不显示形式隶属函数"和"1 显示形式隶属函数",见图9-5。

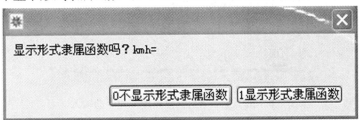

图 9-5　隶属函数对话框

在屏幕上显示隶属度确定方式选择对话框(见图9-6),这里有 3 种选择:

"1 计算确定",由嵌入程序内的形式隶属函数计算。

"2 手动输入",对特殊问题可通过该方式临时决定某因素隶属度的大小。

"3 预定义输入",预先定好了各因素隶属度的值,程序通过读入 Excel 数据文件获得预先定好的值。

当选择"2 手动输入"时,接着出现"手动输入哪些因素隶属度的对话框",5 个因素,对话框上每个因素名前有一个复选按钮,选中某几个按钮即要手动输入这几个因素的隶属度值。接下来逐个出现选中因素隶属度输入对话框;将每个对话框中的值改成要输入

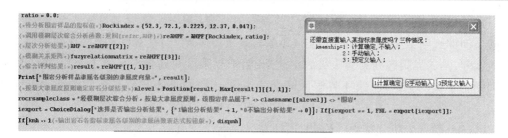

图 9-6　隶属度确定方式选择对话框

的值,改完后点击"OK"按钮,即完成手动输入隶属度。对话框如图 9-7 所示。

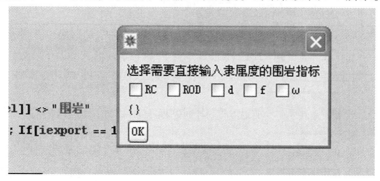

图 9-7　手动输入对话框

图 9-8 表明第 1、3、4 个指标隶属度采用手动输入。

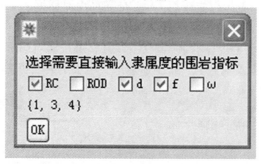

图 9-8　第 1、3、4 个指标隶属度采用手动输入

图 9-9 为第 1 个指标 RC 隶属度输入对话框。

指标名称 \ 隶属度\ 级别	I	II	III	IV	V
RC　(1)	0.84953	0.9778	0.	0.04702	0.

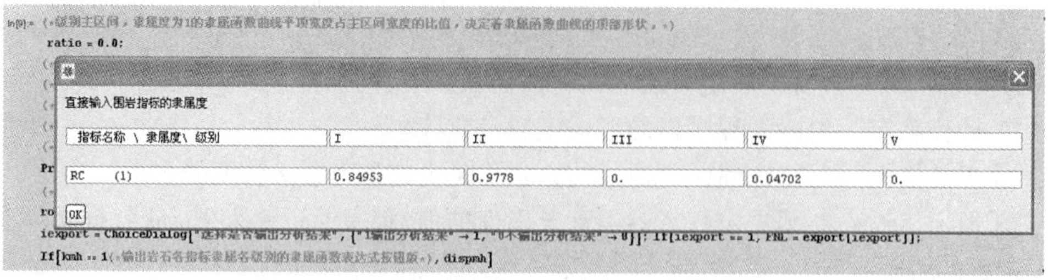

图 9-9　第 1 个指标 RC 隶属度输入对话框

接下来出现多因素综合评判权重确定方式对话框(见图 9-10),有 3 种选择:
"1 层次分析定权重",由嵌入程序内层次分析法函数程序确定权重。

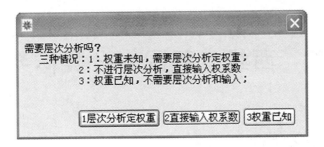

图 9-10 多因素综合评判权重确定方式对话框

图 9-11 输入各指标权重
系数对话框

"2 直接输入权系数",对特殊问题可通过该方式临时决定某因素在综合评判中的权重大小。若选中此项,屏幕上接着出现指标权重系数输入对话框(见图 9-11),修改对话框内已有的权重值,最后按"OK"按钮,即完成直接输入权系数选项。

"3 权重已知",当连续分析多种样品时,若新样品权重不变,可作为已知值,内存中已有前样品权重值。

接下来出现是否绘制隶属函数曲线图形对话框(见图 9-12),有 2 种选择:"0 不生成图",程序不生成隶属函数曲线图形;"1 输出隶属函数图形文件",程序生成隶属函数曲线图形,并准备图形输出文件。

接下来程序完成分析计算后,给出是否输出分析结果对话框(见图 9-13),有 2 种选择:"0 不输出分析结果","1 输出分析结果"。分析结果放在"Result"文件夹。

图 9-12 是否绘制隶属函数曲线图形对话框

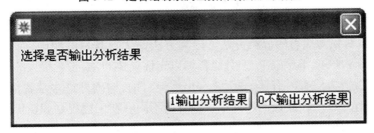

图 9-13 是否输出分析结果对话框

第 10 章　西线工程围岩分类体系和应用

10.1　围岩分类概述

10.1.1　围岩分类的影响因素

在目前现行的许多围岩分级方法中,分类基本要素大致有三大类。第 Ⅰ 类:与岩性有关的要素,其分类指标是采用岩石强度和变形性质等(如岩石的单轴抗压强度、变形模量或弹性波速等)。第 Ⅱ 类:与地质构造有关的要素,其分类指标采用诸如岩石的质量指标、地质因素评分法等,这些指标实质上是对岩体完整性或结构状态的评价,这类指标在划分围岩的级别中一般占有重要地位。第 Ⅲ 类:与地下水有关的要素。

目前,国内外围岩的分类方法,考虑上述三大基本要素,按其性质主要有以下分类方法。

(1)以岩石强度或物理指标为代表的分类方法。这种方法的优点是指标单一、使用方便,缺点是不能全面地反映岩体固有的性态。

(2)以岩体构造特征为代表的分级方法。这类方法的优点是正确地考虑了地质构造特征、风化状况、地下水情况等多种因素对隧道围岩稳定性的影响,并建议了各类围岩应采用的支护类型和施工方法;其缺点是分级指标还缺乏定量描述,没有提供可靠的预测隧道围岩级别的方法,在一定程度上要等到隧道开挖后才能确定。

(3)以地质勘探手段相联系的分类方法。这类方法的优点是分级指标大体上是半定量的,同时考虑了多种因素的影响;其缺点是分级的判断还带有一定的主观性,如《铁路隧道围岩分类》(TB 10012—2001)就是以弹性波速为主要指标进行分类的。弹性波速度低可能是由于岩体完整,但岩质松软;地质坚硬,但比较破碎;地形上局部高低相差悬殊等几种原因引起的。就弹性波速度这一个指标,就很难客观地给出正确的结论。

(4)组合多种因素的分类方法。如岩体质量"Q"法,我国国防工程围岩分级法等,属于这个范畴。这类方法是当前围岩分类方法的发展方向,优点很多,只是部分定量指标仍需凭经验确定。

(5)以工程对象为代表的分类方法。这类方法的优点是目的明确,而且和支护尺寸直接有关,使用方便,能指导施工,但分级指标以定性描述为主,带有很大的人为因素。

隧道围岩分类方法有简有繁,并无统一格式。目前,国内外许多学者都认为,隧道围岩分级的详细程度在工程建设的不同阶段应有所不同。在工程规划和初步设计阶段的围岩分级,可以定性评价为主,判别的依据主要来源于地表的地质测绘以及部分的勘察工作。在工程设计和施工阶段,围岩分级应为专门的目的服务。如为设计提供依据的围岩分级,其判别依据主要是地质测绘资料、地质详勘资料、岩石和岩体的室内和现场试验数据。分级指标一般是半定量和定性的。

围岩的分类方法有以下几个方面的发展趋势：①分类应主要以岩体为对象，岩体则包括岩块和各岩块之间的软弱结构面，因此分类应重点放在岩体的研究上；②分类宜与地质勘探手段有机地联系起来，有一个方便而又可靠的判断手段，随着地质勘探技术的发展，这将使分类指标更趋定量化；③分类要有明确的工程对象和工程目的；④分类宜逐渐定量化。

10.1.2　围岩分类指标

国内外隧道围岩分级的方法较多，所采用的指标也不同，但都是在隧道工程实践的基础上逐步建立起来的，随着人们对隧道工程、地质环境之间相互关系的认识和理解，其围岩分级方法也在逐步深化和提高。围岩分类的指标，主要考虑影响围岩稳定性的因素或其组合的因素，大体有以下几种。

10.1.2.1　单一的岩性指标

一般有岩石的抗压强度和抗拉强度、弹性模量等物理力学参数及岩石的抗钻性、抗爆性等工程指标。在一些特定的分级中，如确定钻眼功效、炸药消耗量等，土石方工程中划分岩石的软硬、开挖的难易，均可采用岩石的单一岩性指标进行分级。一般多采用岩石的单轴饱和极限抗压强度作为基本的分级指标，其具有试验简单、数据可靠的优点。但单一岩性指标只能表达岩体特征的一个方面，用来作为分级的唯一指标是不合适的。如老黄土地层，在无水的条件下，强度虽然低，但稳定性却很高。

10.1.2.2　单一的综合岩性指标

以单一的综合性指标反映岩体的综合因素。这些指标有以下几个。

这些指标有：

（1）岩体的弹性波传播速度。弹性波传播速度与岩体的强度和完整性成正比，该指标反映了岩石的力学性质和岩体的破碎程度的综合因素。

（2）岩石质量指标（RQD）。岩石质量指标是综合反映岩体的强度和岩体的破碎程度的指标。钻探时岩芯的采取率、岩芯的平均长度和最大长度受岩体原始的裂隙、硬度、均质性的影响，岩体质量的好坏主要取决于岩芯采取长度小于 10 cm 以下的细小岩块所占的比例。

（3）围岩的自稳时间。隧道开挖后，围岩通常都有一段暂时稳定的时间，不同的地质环境，自稳时间是不同的。

由于单一综合岩性指标一般与地质勘察技术的水平有关，因此其应用受到一定的限制。

10.1.2.3　复合指标

复合指标是一种用两个或两个以上的岩性指标或综合岩性指标所表示的复合性指标。具有代表性的复合指标分级是巴顿（N. Barton）等提出的岩体质量 Q 指标，Q 综合表达了岩体质量的 6 个地质参数，其表达式为

$$Q = (RQD/J_h)(J_r/J_a)(J_w/SRF) \qquad (10\text{-}1)$$

式中：RQD 为岩石质量指标；J_h 为节理组数目，岩体越破碎，J_h 取值越大；J_r 为节理粗糙度，节理越光滑，J_r 取值越小；J_a 为节理蚀变值，蚀变越严重，J_a 取值越大；J_w 为节理含水折减系数，节理渗水量越大，水压越高，J_w 取值越小；SRF 为应力折减系数，围岩初始应力

越高, SRF 取值越大。

这 6 个地质参数表达了岩体的岩块大小(RQD/J_h)、岩块的抗剪强度(J_r/J_a)、岩块的作用应力(J_w/SRF)。因此,岩体质量 Q 实际上是岩块尺寸、抗剪强度和作用应力的复合指标。根据不同的 Q 值,岩体质量评为九级。

复合指标考虑多种因素的影响,对判断隧道围岩的稳定性是比较合理可靠的,它可以根据工程对象的要求,选择不同的指标。但复合指标的定量数值,一般是通过试验、现场实测或凭经验确定的,带有较大的主观因素。

通过以上分析,对隧道围岩的分级:首先,应考虑对选择的围岩稳定性有重大影响的主要因素,如岩石强度、岩体的完整性、地下水、地应力、结构面产状,以及它们的组合关系作为分级指标;其次,选择测试设备比较简单、人为因素小、科学性较强的定量指标;再次,考虑分级指标要有一定的综合性,如复合指标等。总之,应有足够的实测资料为基础,能全面反映围岩的工程性质。

10.2 围岩分类原则

深埋长隧洞为南水北调西线工程的主要组成部分,西线一期工程隧洞最大自然分段长度为 72 km,属于超长隧洞。高寒缺氧是工程区的基本地理特征。因此,从施工角度,只能采用以 TBM 施工为主、钻爆法为辅的施工方案。西线工程的关键在于超长隧洞,超长隧洞的关键在于 TBM 施工,TBM 施工的关键在于围岩评价。因此,进行基于 TBM 施工的围岩分类是围岩评价的基础。

TBM 的实际总进洞速度取决于综合因素,包括纯掘进速度 PR、初期支护、掘进操作和维修过程。采用 TBM 施工时,对地层岩性和地质构造的认识及对挖掘岩体的质量分级较为重要。有很多用于 TBM 功效预测的岩体分级体系,如 Q、Q_{TBM}、RMR(Rock Mass Rating)、RSR(Rock Structure Rating)等,它们分别或独自涉及有关岩石性质、岩体结构、地下水及 TBM 的多个基本参数(特征描述和试验指标):平均刀具荷载、刀具寿命指数(CLI)、RQD、节理方向、特定方向节理密度、节理的诸多其他方面的性质、岩体强度、石英含量、地应力水平、地下水影响等。上述参数比较全面地反映了围岩条件对 TBM 功效的影响。

目前流行的岩体分级方法基本上是针对隧洞稳定性的等级划分而提出的,一般是五级分类,而且各项指标与围岩分类等级是线性关系的。但直接用于 TBM 施工隧道的围岩分级,却与分级的各项指标不是线性关系。比如,RMR 分类,在文献中引用较多,工程经验表明,TBM 纯掘进速度 PR 取决于岩石强度及裂隙密度,在 RMR 分类中,Ⅲ类围岩表现最佳,Ⅱ、Ⅳ类次之,Ⅰ、Ⅴ类最差。

但 TBM 施工隧道围岩分级最重要的是应针对工程岩体的可掘进性来划分,即针对掘进速度(AV)和刀具的寿命指数(CLI)进行工程岩体分级。和掘进速度和刀具寿命指数相关的岩体力学特征参数有岩石的单轴抗压强度(RC)、岩石的硬度(NCB)、岩石的耐磨性指数(Ab)、岩石的泊松比(μ)、弹性模量(E)、岩体结构面的发育程度(即岩体完整程度)、主要结构面的产状与隧道轴线的组合关系等。但在工程实践中,这些参数很难准确取得。

本书的研究表明,岩石的泊松比与 TBM 掘进速度的相关性并不明显,岩石的泊松比对 TBM 掘进速度影响不大。因此,岩石的泊松比也不作为分类的影响因素。

如何针对具体的地质条件采用合理可行的分类原则进行隧洞的围岩分类,是西线工程的关键技术问题之一,也是采用 TBM 施工的前提。西线工程隧洞围岩主要为浅变质砂岩和板岩,组合较为单一,且岩层大多陡倾;砂岩、板岩岩石强度中等坚硬—坚硬,除部分构造破碎带外,一般洞段岩体完整性较好;岩层走向以北西向为主。此外,西线工程的隧洞方向大多与区域构造线或结构面方向呈大角度相交或近于垂直,有利于地下洞室的围岩稳定。这些地质背景是进行围岩分类的基础。

对于类似于西线工程的长或超长隧洞而言,进行全方位的详细地质勘察和围岩评价显然是经济条件不允许的,而且目前的技术精度也难以满足有关技术要求。工程实践表明,由于 TBM 造价昂贵,投入较多,TBM 承包商最主要关注的是掘进速度或施工进度。同时,TBM 承包商对隧洞地段的地下水和断层带的发育特征也极其关注,这两个地质因素也是影响施工进度的重要条件。

因此,选择合理、经济、高效的评价原则,根据不同的施工方法,进行有针对性的重点研究工作,是目前进行超长隧洞地质评价工作需要解决的问题。西线工程隧洞围岩分类(本书称为 RTBM)就应该以岩体特征为重要基础。分类的目的是综合评价围岩的可掘进性,进而判断 TBM 的掘进速度。

基于 TBM 施工的围岩评价是西线工程的基础技术问题,而围岩分类的目的就是评价围岩的可掘进性(可破碎性)以及岩石对刀具的磨损。对西线工程的隧洞围岩而言,由于岩性单一,为砂岩、板岩不等厚的组合,其围岩分类的主要依据是岩石的单轴抗压强度、岩组特征、结构面方向。RTBM 分类简单,具有可操作性,也符合西线工程超长隧洞围岩评价的实际情况。

10.3　分类原理和主要指标

10.3.1　围岩分类的主要参数

在《铁路隧道全断面岩石掘进机法技术指南》(铁建设[2007]106 号)中,把岩石的单轴抗压强度、岩体完整性系数、岩石耐磨性和岩石凿碎比功四项指标作为分级的因素。单轴抗压强度是任何分级中首要考虑的指标,岩体完整性系数本书采用结构面的方向和倾角、间距,更符合 TBM 破岩的实际情况,影响岩体质量类别的核心因素是岩石强度和不连续结构面,岩体的实质就是岩石＋不连续结构面。岩石的耐磨性实质是石英等坚硬矿物的影响。岩石凿碎比功其实就是岩石坚硬度的定量化表示。

根据西线工程的实际地质条件,重点考虑围岩的单轴抗压强度、岩组特征、结构面发育特征及石英含量作为分类的依据。断层带的评价在结构面和强度因素中考虑。

岩体应力对 TBM 破岩有一定的影响。计算结果表明:在单刀具情况下,破岩力随埋深变化显著,呈线性增加的关系,说明岩体的原场应力对单刀具破岩影响较大;在双刀具情况下,岩体的地应力场对双刀具破岩影响不明显,主要是因为双刀具对岩体作用时加快了岩体裂隙的发展过程,使岩体裂隙能较好地与节理贯通,故破岩力较小。因此,采用双刀具的 TBM 掘进,可以克服由于埋深不同对掘进效率的影响。对西线工程而言,采用双刀具的 TBM 可以提高效率,也是目前 TBM 设备的发展方向。在本书的分类中,不把地应力作为分类的影响因素。

在围岩类别中,砂岩属弱—中等透水岩体,板岩为相对不透水层,地下水径流排泄不畅,基岩富水性较弱,一般洞段发生涌水、突水的可能性不大。而同位素示踪测试表明,工程区钻孔的总体渗透流速很小,计算的最大渗透系数为 10^{-3} cm/s 数量级,最小为 10^{-6} cm/s 数量级。说明岩体的整体渗透性能差,一般地表 50 m 以下基本呈弱透水状况,地层的水平流速分布是随深度递减的。因此,在围岩分级中,没有将地下水作为一个单独的因素考虑,但在地下水发育洞段,根据具体情况,围岩类别可适当降低。

10.3.1.1　围岩单轴抗压强度

在水工实践中,一般用饱和抗压强度来表述岩体的强度。但在 TBM 施工中,与刀具相互作用的围岩是天然状态下的岩石,二者的作用时间有限。因此,描述岩石强度对 TBM 刀具的作用宜用自然抗压强度或干抗压强度。

工程经验表明,一般的 TBM 最适宜于岩石抗压强度为 30～150 MPa 的中等坚硬至硬岩中;对于抗压强度为 100～250 MPa 的岩体,TBM 在强度 100～150 MPa 岩石中的掘进速度最高。

图 10-1 是国内外 TBM 施工隧洞不同岩石及其对应的掘进速度。岩石单轴抗压强度在 20～50 MPa 以上时,掘进速度随单轴抗压强度的增加而降低。在单轴抗压强度为 50 MPa 附近,掘进速度可达到 3～4 m/h;单轴抗压强度为 100～200 MPa 时,掘进速度通常在 1～3 m/h;200 MPa 以上时,掘进速度一般不超过 1.5 m/h。对西线工程而言,参照以上工程经验,在通常的岩体结构条件下,砂岩中 TBM 的掘进速度为 1.5～3.0 m/h;板岩中 TBM 的掘进速度为 2.0～4.0 m/h。

在本书的 TBM 破岩物理模拟中,试验显示,岩石强度基本上以 60 MPa 为界,小于 60 MPa 时,TBM 的功效较好,大于 60 MPa 时,随着强度的提高,TBM 的功效下降。在基于 TBM 施工的围岩分类中,60 MPa 是个重要的界限值。当大于 100 MPa 时,掘进速度减小的趋势渐缓,因此把 100 MPa 作为一个分类界限。

在本书的数值模拟试验中,当岩石三轴抗压强度为 30～60 MPa、弹性模量在 15～40 GPa,且岩石泊松比在 0.3～0.5 时,TBM 在此类围岩中掘进速度较快;当岩石三轴抗压强度在 60～100 MPa、弹性模量在 40～60 GPa,且岩石泊松比在 0.18～0.3 时,TBM 在此类围岩中掘进速度适中;当岩石三轴抗压强度小于 30 MPa、弹性模量小于 40 GPa,且岩石泊松比大于 0.5 时,由于岩石自稳能量降低,TBM 掘进速度大为降低,在此类围岩中掘进时会增加成本,所以 TBM 不宜在此类围岩中掘进;而当岩石三轴抗压强度大于 100 MPa、弹性模量大于 60 GPa,且岩石泊松比小于 0.18 时,由于此类围岩硬度较大,会增加 TBM 掘进的难度,所以 TBM 也不宜在此类围岩中掘进。

在其他行业的隧洞围岩分类中,基本上也是把 60 MPa 和 30 MPa 作为重要的分类指标的。

上述实例均表明,对于定制的 TBM,在强度相对小的岩体中掘进速度相对较高,掘进速度随岩石强度的增加而降低。因此,岩石强度成为评价围岩的主要因素。

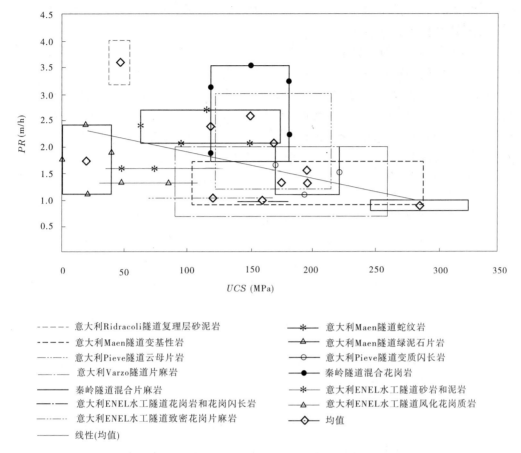

- - - - - 　意大利Ridracoli隧道复理层砂泥岩　　　　─*─　意大利Maen隧道蛇纹岩

- - - - 　意大利Maen隧道变基性岩　　　　　　　　─△─　意大利Maen隧道绿泥石片岩

- · - · 　意大利Pieve隧道云母片岩　　　　　　　　─○─　意大利Pieve隧道变质闪长岩

――――　意大利Varzo隧道片麻岩　　　　　　　　─●─　秦岭隧道混合花岗岩

――――　秦岭隧道混合片麻岩　　　　　　　　　　─✳─　意大利ENEL水工隧道砂岩和泥岩

― · ― 　意大利ENEL水工隧道花岗岩和花岗闪长岩　─△─　意大利ENEL水工隧道风化花岗质岩

― ·· ― 　意大利ENEL水工隧道致密花岗片麻岩　　　─◇─　均值

――――　线性(均值)

图 10-1　岩石单轴抗压强度和 TBM 掘进速度关系示意图

（Sapigni et al. ,2002；徐则民等,2001）

　　南水北调西线工程的岩石类型主要有砂岩和板岩,其中砂岩的干单轴抗压强度主要为 50～150 MPa,板岩的干单轴抗压强度为 40～60 MPa。根据单轴抗压强度,结合本书的物理和数值模拟试验,参考其他工程实例,西线工程的隧洞围岩可分为五类(见表10-1)。

表 10-1　基于 TBM 施工的围岩强度分类

分类	I	II	III	IV	V
单轴抗压强度（MPa）	60～30	100～60	30～15	>100	<15

10.3.1.2　结构面特征

　　西线工程区的结构面以层面为主,次为节理裂隙面,局部地区发育有断裂结构面。各类破裂结构面在线路的不同地段发育的规模、密度有很大的差别。其中,层面的产状多以陡倾角为主,具有稳定的产状,砂岩中层面发育程度较板岩低。断裂结构面主要发育在断裂带中。

　　岩体受不同规模结构面的切割,呈现出不同的结构类型。根据引水隧洞区的地质条件,岩体结构可划分为块状结构、厚层状结构、中厚层状结构、互层状结构、薄层状结构、碎裂结构及散体结构 7 类。

从国内外各种围岩分类方法中可以看出,结构面与隧道围岩分级密切相关,不同的围岩分级具有不同的结构面特性。一般情况下,岩体完整程度较低和结构面间距较小时,岩体中局部发育的薄弱面将大大有助于刀具的切割,使得岩石的粉碎和碎裂更加容易,使得碎裂岩块的尺寸更大,从而使 TBM 掘进速度较快。而在结构面极为发育,存在软弱破碎岩体和地下水等各种不良地质条件的情况下,岩体完整性差,作为工程围岩已不具有自稳性,此时 TBM 机械本身和施工操作都会遇到一些困难。处理支护也要花费时间,TBM 施工功效降低,TBM 掘进的速度减慢。因此,岩体的结构面特别发育和极不发育时往往都不利于 TBM 掘进。

本书进行的模拟试验显示,当节理倾角在 30°～60°、节理间距在 10～30 mm 时,TBM 掘进速度较快。而当节理倾角在 60°～80°、节理间距在 30～60 mm 时,TBM 掘进速度也较快。当节理倾角在 0°～30°或 80°～90°时,TBM 掘进速度大为降低,因此在此类围岩中不宜使用 TBM 掘进。而当节理间距大于 60 mm 时,TBM 掘进难度大大增加。当节理间距小于 10 mm 时,由于节理分布比较密集,岩体自稳能力降低,TBM 在掘进时容易造成围岩崩塌,其掘进速度会受到严重的影响,因此 TBM 也不宜在此类围岩中掘进。

1) 结构面倾角

在工程岩体分级标准中,结构面倾角大小是岩体质量分级的修正因素。倾角越大,岩体的 BQ 值越大。但对于 TBM 破岩而言,倾角越大,需要的破岩力越大。

在本书的节理倾角与破岩能效的模拟试验中,破岩力随节理倾角变化显著,节理倾角对刀具破岩影响较大。在节理倾角为 40°～60°时,破坏的荷载最小;节理倾角大于 60°时,需要的破岩力最大;其次节理倾角小于 30°时,需要的刀具破岩力较小。当节理倾角大于 50°时,掘进深度急剧增加;当节理倾角大于 60°时掘进速度增加趋缓。高倾角状态下裂隙难以与节理贯通,导致岩体剥落必然要施加刀具更大的荷载,因而刀具的侵入度必然更大。

从节理的倾角直方图(见图 7-10)上可以看出,工程区的节理倾角以 60°～80°为主,其次为 50°～60°,再次为 80°～90°,30°～50°和小于 30°的最少,反映出节理主要为陡倾状。节理的产状对发挥 TBM 的功效有不利的因素。

2) 结构面走向与隧洞的夹角

除倾角外,结构面的走向与 TBM 的掘进方向(即与洞线方向的夹角)也是重要的影响因素。夹角大小与洞室稳定的关系很大,但对 TBM 施工的影响主要表现在破岩的难易程度上。模拟试验表明,节理方向与隧洞轴线夹角为 50°～60°时,掘进速度最高,其次为 60°～80°、>80°、30°～50°和 <30°。

3) 结构面间距

结构面间距实际是岩体 J_V 值的概化描述。模拟试验资料表明,破岩力随节理间距的变化显著,当节理间距在 1.5 m 以下时,需要的刀头破岩力最小,较小的掘进深度就能使裂隙和节理贯通。试验显示,在节理间距小于 0.6 m 时,掘进速度随节理间距增大而变大。强度、侧压力和倾角相同的试件,结构面间距越小,试件越容易破坏。结构面间距越大,刀具的侵入度越小。结构面对位移场的发展起到抑制作用,随着结构面间距的增大,位移场明显发散。

对于西线工程的结构面发育情况而言,岩体节理间距大部分都小于 1.5 m,因此节理间距对 TBM 功效的影响有较大的作用。

根据结构面特征和岩体结构,参考《工程岩体分级标准》(GB 50218—94),西线隧洞围岩可划分为五类(见表 10-2)。

表 10-2　西线工程基于结构面的围岩分类

类别	I	II	III	IV	V
结构面间距 (m)	0.4～0.2	1.0～0.4	>1	≤0.2	极破碎
结构面与隧洞 方向夹角(°)	50～60	60～80	>80	30～50	<30
结构面倾角 (°)	40～60	20～40	<20	60～80	>80
结构类型	中薄互层状 或裂隙块状	中厚互层状	巨厚层状	碎裂结构	散体结构

表 10-2 中四项分类依据并不是同时具备,而是按照顺序进行判别,即首先以结构面间距进行分类,其次根据结构面与隧洞方向夹角进一步判别,最后根据结构面倾角和结构类型进行修正。当可以取得四项参数时,以划分的多数围岩类别为最终围岩分类;当取得两项参数时,围岩类别可以取范围值或平均值。

10.3.1.3　岩组特征

引水隧洞围岩岩性主要为三叠系浅变质砂岩与板岩的韵律层,主要为:

扎尕山组(T_2zg):以变质粉砂—细砂岩为主的砂岩、板岩不等厚互层夹薄层—透镜状结晶灰岩。大致可分为三个岩性段,下部以板岩为主,中部砂岩夹板岩、灰岩,上部砂岩、板岩互层夹灰岩。

杂谷脑组(T_3z):以灰色、绿灰色中—厚层状细粒、中—细粒变质砂岩为主夹少量板岩是本组的突出特征,砂岩、板岩比一般大于 5:1。

侏倭组(T_3zw):岩性组合为灰色薄—厚层状细粒变质岩屑杂砂岩、长石石英砂岩、钙质石英细砂—粉砂岩与深灰色粉砂质板岩、含碳质黏板岩的韵律式互层,局部间夹滑塌角砾岩、泥晶灰岩透镜体少量。砂岩、板岩比近乎 1:1。

新都桥组(T_3xd):岩性以灰—黑灰色板岩为主,夹变质砂岩透镜体。板岩岩石类型以绢云板岩为主;砂岩以薄层为主,局部中厚层,岩石类型为长石石英杂砂岩、岩屑长石杂砂岩。

如年各组(T_3rn):呈断层夹块分布于达曲一带鲜水河(夺多)断裂带,为具混杂堆积成因的基性火山熔岩、火山碎屑岩、硅质岩、灰岩、板岩组合。受强烈的构造作用,本组呈大小不一的构造块体出现,块体间属断层接触,垂向、纵向岩性变化急剧。

格底村组(T_3gd):仅分布于甘孜以北达曲—色曲之间,露头较差,岩性为灰色、局部为紫红色块状粗砾岩和深灰色板岩,该组为两河口组下部的相变体,顶底均未见及。

两河口组(T_3lh):岩性组合总特征为变质细粒砂岩、粉砂岩与灰色板岩的韵律互层,可分为两个岩段:下部岩性段为厚块状夹薄—中层状变质长石石英砂岩、长石石英杂砂岩、粉砂岩夹深灰色粉砂质绢云板岩、绢云板岩,砂岩:板岩比例一般3:1~5:1;中部岩性段为绢云板岩与灰色薄—中厚层变质长石石英砂岩、长石岩屑杂砂岩不等厚互层。

根据工程地质性质、砂岩与板岩比例的不同、砂岩单层厚度,将隧洞围岩分为五类(见表10-3)。

表10-3　基于 TBM 施工的岩组划分表

类别	I	II	III	IV	V
岩组	板岩组	板岩夹砂岩组	砂岩、板岩互层	砂岩夹板岩	砂岩组
岩性特征	薄层板岩,偶夹少量板岩	以板岩为主,夹少量砂岩	砂岩、板岩呈互层出现	砂岩中厚层为主,板岩为薄层	以砂岩为主,偶夹少量板岩
砂岩、板岩比例	>1:7	1:6~1:3	2:1~1:4	6:1~3:1	>7:1

10.3.1.4　石英含量

石英作为碎屑岩中常见的碎屑成分而普遍存在,在西线工程区的砂岩中分布广泛,其大小、含量的分布特征影响到 TBM 的刀具寿命指数(CLI)。

从前述岩石薄片分析资料中可以看出,砂岩及杂砂岩类岩石中石英的含量为 50% ~ 87.5%,平均为 74.5%,属于严重等级;粉砂岩的石英含量为 65% ~90%,平均为 77.1%,也属于严重等级;石英含量全部在 50% 以上,极少数样品的石英含量大于 80%。而板岩中石英的含量为 1% ~75%,含量小于等于 1% 的占 35.8%,含量在 1% ~5% 的占 26.8%,含量在 5% ~50% 的占 30.3%。由此可见,板岩的石英含量对 TBM 的影响大部分属于轻微等级,少数为明显等级。

因此,石英对 TBM 施工的影响重点考虑对象是砂岩,板岩的石英含量很低,仅少数板岩的石英含量对 TBM 有轻微的影响。

根据石英的含量,可将围岩分为五个等级(见表10-4)。

表10-4　基于 TBM 施工的岩石石英含量分类

类别	I	II	III	IV	V
石英含量(%)	≤1	1~5	5~50	50~80	>80

上述分类指标分别给出后,按照模糊综合评判方法,给出综合分类,就是最后的围岩分类。

10.3.2　围岩分类的工程实践和应用

采用本书的 RTBM 法,对西线一期工程的杜柯河—玛柯河段进行围岩分段。杜柯河—玛柯河段出露三叠纪浅变质碎屑岩,南段有较多的中酸性侵入岩出露。T_2zg 地层岩体较完整—较破碎,围岩属较稳定状态。T_3z 地层以中厚层状结构为主,局部为层状镶嵌破碎结构,围岩稳定性良好。T_3zw^1 地层岩体以较完整为主,局部较破碎,围岩属较稳定状态。T_3zw^2 地层以中厚层状结构为主,局部层状镶嵌碎裂结构,围岩稳定性较好。T_3xd 地层以薄片状和镶嵌碎裂结构为主,围岩属不稳定状态。杜柯河—玛柯河段构造方向主要呈北西向,褶皱、断层均比较发育。褶皱构造轴向与断层表现一致。地下水类型以构造裂隙水为主,风化裂隙水次之,孔隙水为辅。无溶洞、暗河等岩溶含水层,总体水文地质条件属简单型。杜柯断层破碎带的水文地质条件属中等—较复杂型。

10.3.2.1　岩体权值系统(RMR)分类原则

RMR 分类系统主要考虑到以下 6 个参数:岩石单轴抗压强度、岩石质量指标(RQD)、不连续结构面间距、不连续结构面条件、地下水条件、不连续面方向。根据对每一参数的权值,可得到具体 RMR 值。

根据 RMR 分类原则及方法,杜柯河—玛柯河段围岩类别总体属 Ⅱ 类和 Ⅲ 类。杜柯河断层影响带内岩体总体较破碎,围岩类别总体属 Ⅳ 类。杂谷脑组中厚层—巨厚层砂岩夹板岩段,岩体总体以互层状结构为主,围岩类别总体属 Ⅱ 类。

10.3.2.2　RTBM 法

RTBM 主要根据单轴抗压强度进行分类,其次根据岩组进一步判别,最后根据结构面特征和石英含量进行修正。当可以取得四项参数时,以划分的多数围岩类别为最终围岩分类;当取得两参数时,围岩类别可以取范围值或平均值。对于断层带或富水带,可适当降低围岩类别。

根据 RTBM 分类原则及方法,杜柯河—玛柯河段围岩类别总体属 Ⅱ 类和 Ⅲ 类(见表 10-5)。杜柯河断层影响带内岩体总体较破碎,围岩类别总体属 Ⅳ 类。

10.3.2.3　RMR 分类与 RTBM 分类的差异

两种分类方法分类的目的不同考虑的因素也不同。RTBM 是基于 TBM 施工的分类方法,目的就是评价围岩的可掘进性(可破碎性)以及岩石对刀具的磨损。RMR 分类是基于隧洞围岩稳定性分类,针对钻爆法施工,对围岩稳定性进行评价。

所考虑参数不同。RTBM 从 4 个方面进行评价:岩石单轴抗压强度、岩组特征、结构面特征和石英含量。RMR 分类用 6 个参数进行评价:岩石单轴抗压强度、岩石质量指标(RQD)、不连续结构面间距、不连续结构面条件、地下水条件、不连续面方向。

同一参数权重不同。在 RTBM 中岩石单轴抗压强度占有比较大的权重,结构面特征为次要方面;在 RMR 分类中,结构面条件占有比较大的权重,而岩石单轴抗压强度相对较小。

表 10-5　杜柯河—玛柯河段 RTBM 分类表

分段	桩号	岩石强度 (MPa)	岩组特征	结构面特征		石英含量	RTBM 分类	RMR 分类
				与洞轴夹角(°)	发育程度			
1	0 ~ 1 + 300	20 ~ 40	b	50 ~ 90	4	<5%	Ⅳ	Ⅳ
2	1 + 300 ~ 1 + 970	60 ~ 70	s + b	50 ~ 60	1/2	50% ~ 70%	Ⅱ	Ⅲ
3	1 + 970 ~ 9 + 900	50 ~ 55	s∥b	24 ~ 82	1/4	50%	Ⅱ	Ⅲ
4	9 + 900 ~ 14 + 600	60 ~ 70	s + b	40 ~ 90	1/2	70%	Ⅲ	Ⅱ
5	14 + 600 ~ 15 + 900	40 ~ 60	s∥b	60 ~ 70	1/4	50%	Ⅲ	Ⅳ
6	15 + 900 ~ 16 + 700	60 ~ 70	s + b	70 ~ 80	1/2	65%	Ⅱ	Ⅱ
7	16 + 700 ~ 18 + 330	40 ~ 60	s∥b	30 ~ 80	1	50% ~ 55%	Ⅱ	Ⅲ
8	18 + 330 ~ 19 + 150	20 ~ 40	b + s	60 ~ 80	3	5% ~ 20%	Ⅰ	Ⅲ
9	19 + 150 ~ 21 + 730	40 ~ 60	s∥b		1/3	55%	Ⅱ	Ⅲ
10	21 + 730 ~ 25 + 170	60 ~ 70	s + b	70 ~ 90	1	65%	Ⅱ	Ⅱ
11	25 + 170 ~ 30 + 148	40 ~ 60	s∥b	20 ~ 60	1/3	55%	Ⅱ	Ⅲ

第11章 结 论

(1)西线工程的地质条件适合采用 TBM 施工。

西线工程区出露的主要岩石为砂岩、板岩及其互层,岩石强度为中等坚硬—坚硬,除部分构造破碎带外,一般洞段岩体完整性较好。隧洞方向大多与区域构造线方向呈大角度相交或近于垂直,隧洞围岩总体具有较好的应力状态,并且能以较短的距离穿越主要构造破碎带。工程区的节理主要为北东向和北西向及北北西向和南东东向。节理倾角以60°~80°为主,次为30°~50°,反映出节理主要为陡倾状。工程区岩石与 TBM 破岩有关的主要构造面方向为北东向和北西向,二者呈共轭状产出,且以陡倾角为主。地质条件适合采用 TBM 施工,有利于 TBM 快速施工和地下洞室的围岩稳定。

研究表明,围岩的强度适合 TBM 掘进,但结构面对 TBM 功效的影响应根据 TBM 掘进方向综合考虑。

(2)基于 TBM 施工的围岩分类原则。

长大隧洞有利于发挥 TBM 快速、高效的优点,TBM 的施工效率与隧洞围岩的地质特征密切相关。TBM 掘进与围岩之间是一对相互作用的矛盾体,围岩特征是影响 TBM 功效的重要因素,围岩地质特征对 TBM 功效的影响最终还是归于基于 TBM 施工的围岩分类问题。

当今流行的隧洞围岩分级(或称分类)方法大多数是针对隧洞围岩稳定性程度而提出的,难以满足 TBM 施工条件下的隧洞施工需要。尽管试图建立一个普遍的基于 TBM 施工的围岩分类是不现实的,但分类还是应该遵循一定的原则:

(1)针对性。针对 TBM 施工特点进行分类,有别于基于围岩稳定的钻爆法围岩分类,关注的是岩石可破碎性,兼顾围岩稳定性。

(2)具体性。地质条件不同,影响 TBM 施工的主要因素也有差别,针对不同的工程,具体问题具体分析,没有具有普遍适应性的分类标准。

(3)参数要合理。围岩力学特性是隧道掘进机刀具设计中必须考虑的重要因素,但参数要有侧重性,不烦琐,参数合理,易于取得;尽管有些物理力学指标能够反映 TBM 施工条件下的岩石性状,但由于在前期勘察工作中难以准确取得,也失去了作为分类依据的意义。

(3)西线工程的 TBM 施工围岩分类。

南水北调西线工程的核心技术问题是如何运用超长隧洞,而超长隧洞的关键在于如何进行 TBM 施工,TBM 施工的基础问题就是如何进行围岩评价。TBM 施工条件下的隧洞围岩分级需要针对工程岩体的可掘进性,即根据围岩的主要地质因素与 TBM 工作效率的关系来划分。本书研究了 TBM 施工的地质制约因素及其影响程度,围岩分类的指标体系及其相互作用关系,进行了 TBM 岩体质量分级体系的验证与应用。

根据西线工程的实际地质条件,重点研究围岩的单轴抗压强度、岩组特征、结构面发育及石英含量等特征对 TBM 破岩和效率的影响。针对西线工程深埋超长隧洞的工程特征,充分考虑影响 TBM 施工安全性、快速性和经济性的各种地质因素,基于 TBM 的破岩机制,采用试验研究和数值模拟等多种手段进行影响围岩分类的因素研究,提出了适合西线工程特点的围岩分类的原理、原则和方法,建立的基于 TBM 施工的围岩分级方法为不同洞段 TBM 施工的效率评价提供了一种有效的方法,可以作为定制 TBM 的参考依据。

研究结果表明,西线工程围岩岩石的单轴抗压强度、岩组特征、结构面特征等对 TBM 功效有显著影响;根据 TBM 破岩物理模拟和工程实践,西线工程的隧洞围岩可分为五类。

(4)西线工程影响 TBM 分类的主要因素。

①岩石强度。

西线工程区的岩石类型主要有砂岩和板岩,其中砂岩的干单轴抗压强度主要为 50 ~ 150 MPa,板岩的干单轴抗压强度为 40 ~ 60 MPa。TBM 掘进速度与岩石的抗压强度有一定的关系,对于定制的 TBM,其掘进速度在强度相对较小的岩体中相对较低,掘进速度随岩石强度的增加而降低。选择以单轴抗压强度为核心的参数系统作为硬岩 TBM 刀具设计的依据是符合实际情况的。

②结构面特征。

掘进速度受节理发育程度和节理发育方向的影响更为明显。因此,节理和结构面的特征也是分类重点考虑的因素。

在结构面特征中,结构面倾角大小是岩体质量分级的修正因素,破岩力随节理倾角变化显著,节理倾角对刀具破岩影响较大,高倾角状态下裂隙难以与节理贯通,导致岩体剥落必然要施加给刀具更大的荷载。

结构面的走向与 TBM 的掘进方向,即洞线方向的夹角,也是影响 TBM 功效的重要因素。夹角大小与洞室稳定的关系很大,但对 TBM 施工的影响主要表现在破岩的难易程度上。

一般情况下,岩体完整程度较低和结构面间距较小时,岩体中局部发育的薄弱面将大大帮助刀具的切割,从而使 TBM 掘进速度较快;但岩体的结构面特别发育和极不发育时往往都不利于 TBM 掘进。

③石英含量。

石英含量作为重要指标参与分类,并与岩石的耐磨性密切相关。虽然西线工程砂岩中石英的含量为 50% ~ 87.5%,但石英的粒度主要分布在细砂范围,石英多以硅质岩屑和单晶石英为主,结晶程度较高的多晶石英含量较低;而板岩中石英含量一般低于 5%,主要以硅质碎屑形式存在,石英结晶程度低。总体来看,工程区岩石的石英含量并不很高,对 TBM 功效影响不大。因此,石英含量只是作为围岩分类中的校正因素,或者是次要因素。

④围岩分类的模糊评判。

在普通分类中,某个分类指标被清晰地划归某一个级别,但指标划归各级别的边界存在不合理性,造成边界附近指标值相差极微就划归不同级别。本书采用模糊综合评判方法对围岩参数进行分级,其特点是:不把分类指标绝对地划为"属于"或"不属于"某一级别,而只是判断属于某一级别的程度;就是论域上的元素符合概念的程度不是绝对的 0 或 1,而是介于 0 和 1 之间的一个实数。模糊分级实际只描述分类指标隶属于某级别的的程度。

　　先对各指标单独进行评判(单因素评判),然后综合(综合评判),这里的围岩指标就是因素。评判的结果就是评语,围岩分级问题是有限集。经过各个指标的单因素评判,给出某个指标隶属于某一围岩分类的归属程度;然后进行指标的综合评判,最终确定某一洞段各项指标隶属于某一围岩分类的归属程度,就是最后的围岩分级。

参 考 文 献

[1] 何发亮,谷明成,王石春. TBM 施工隧道围岩分级方法研究[J]. 岩石力学与工程学报,2002,21 (9):1350-1354.

[2] 张咸恭,王思敬,张倬元,等. 中国工程地质学[M]. 北京:科学出版社,2000.

[3] Bieniawski Z T. 工程岩体分类[M]. 吴立新,王剑锋,刘殿书,等,译. 北京:中国矿业大学出版社, 1993.

[4] Hoek E. 实用岩石工程技术[M]. 刘丰收,崔志芳,王学潮,等,译. 郑州:黄河水利出版社,2002.

[5] 国家质量技术监督局,中华人民共和国建设部. GB 50487—2008 水利水电工程地质勘察规范[S]. 北京:中国计划出版社,2008.

[6] Hoek E, Marinos P. Predicting Squeeze[J]. Tunnels and Tunneling International,2000(11):45-51.

[7] 国家技术监督局,中华人民共和国建设部. GB 50218—94 工程岩体分级标准[S]. 北京:中国计划 出版社,1994.

[8] 刘丰收,侯清波,李松海. 小浪底工程岩体力学参数研究[J]. 水文地质工程地质,2004(S1):34-37.

[9] 徐则民,黄润秋,张倬元. TBM 刀具设计中围岩力学参数的选择[J]. 岩石力学与工程学报,2001,20 (2): 230-234.

[10] 郭继师,寇焕英,张劲. 隧洞围岩分类在引黄工程的应用[J]. 水利水电工程设计,2002,21(1):33- 35.

[11] 刘丽萍,谢冰,金中彦. 钻爆法与全断面掘进机修建地下隧洞的比较[J]. 山西水利科技,2000(4): 1-5.

[12] 曹催晨,孟晋忠. TBM 在国内外的发展及其在万家寨引黄工程中的应用[J]. 水利水电技术,2001, 32(4):27-30.

[13] 张镜剑. TBM 的应用及其有关问题和展望[J]. 岩石力学与工程学报,1999,18(3):363-367.

[14] 侯放鸣,乔世册. 南水北调西线工程对 TBM 施工的特殊要求初探[J]. 中国水利,2004(8):41-43.

[15] Paul B, Sikarskie D L. A preliminary theory of static penetration of a rigid wedge into a brittle material [J]. Transactions, Society of Mining Engineers,1965,232(2):372-383.

[16] Gertsch R,et al.. Disc cutting tests in Colorado Red Granite: Implications for TBM performance prediction[J]. International Journal of Rock Mechanics and Mining Sciences,2007,44(2):238-246.

[17] Sanio H. Prediction of the performance of disc cutters in anisotropic rock[J]. International Journal of Rock Mechanics and Mining scien ces and Geomechanics Abstracts,1985,22(3):153-161.

[18] Qiu-Ming Gong, Jian Zhao, Yu-Yong Jiao. Numerical modeling of the effects of joint orientation on rock fragmentation by TBM cutters[J]. Tunnelling and Underground Space Technology,2005,20(2): 183- 191.

[19] Pang S S, Goldsmith W. Investigation of crack formation during loading of brittle rock[J]. Rock Mechanics and Rock Engineering,1990,23(1):53-63.

[20] Chiaia B. Fracture mechanisms induced in a brittle material by a hard cutting indenter[J]. Intrnational Journal of Solids and Structures,2007,38(44):7747-7768.

[21] Lawn B R. Indentation fracture: principles and applications[J]. Journal of Materials Science,1975,10 (6):1049-1081.

[22] Lawn B R. Microfracture beneath point indentations in brittle solids[J]. Journal of Materials Science,

1975,10(1):113-122.

[23] Pang S S, Goldsmith W, Hood M. A force – indentation model for brittle rocks[J]. Rock Mechanics and Rock. Engineering,1989,22(2):127-148.

[24] Johson K L. Contact Mechanics[M]. Cambridge:Cambridge University Press,1985.

[25] Cook R F, Pharr G M. Direct obseration and analysis of indentation cracking in glass and ceramics[J]. Journal of the American Ceramic Society,1990(73):787-817.

[26] Chen L H,Labuz J F. Indentation of rock by wedge – shaped tools[J]. International Journal of Rock Mechanics and Mining Sciences,2006,43(7):1023-1033.

[27] Lawn B, Marshall D. Hardness, toughness, and brittleness:an indentation analysis[J]. Journal of the American Ceramic Society,1979,62(7):347-350.

[28] Timoshenko S P, Goodier J N. Theory of Elasticity[M]. 3rd Edition. New York:McGraw – Hill,1969.

[29] Howarth D F,Roxborough F F. Some fundamental aspects of the use of disc cutters in hard – rock excavation[J].South African Institute of Mining and Metallurgy,1982,11(2):309-315.

[30] Lundberg B. Penetration of Rock by Conical Indentors[J].International Journal of Rock Mechanics and Mining Sciences and Geomechanics Abstracts,1974,11(6):209-214.

[31] 中华人民共和国铁道部.铁路隧道全断面岩石掘进机法技术指南[S].北京:中国铁道出版社,2007.

[32] 王石春,何发亮,李苍松.隧道工程岩体分级[M].成都:西南交通大学出版社,2007.

[33] 郑美田,陈乐求,王曰国.洞室围岩质量多因素模糊综合评价模型及应用[J].地质与勘探,2007,43(5).

[34] 苏永华,颜立新,孙颜峰,等.模糊综合评判法及其在岩体分类中的应用[J],矿冶,2000,9(4).

[35] 王学潮,王泉伟,陈书涛,等.南水北调西线工程隧洞围岩分类和变形分析[J].岩石力学与工程学报,2005(24):20.

[36] 陈贻源.模糊数学[M].武汉:华中工学院出版社,1984.

[37] 彭祖赠,孙韫玉.模糊(Fuzzy)数学及其应用[M].武汉:武汉大学出版社,2001.

[38] [美]T. L. 萨带.层次分析法[M].许树柏,等译.煤炭工业出版社,1988.

[39] 赵焕臣,许树柏,金生.层次分析法——一种简易的新决策方法[M].北京:科学出版社,1986.

[40] 王学潮,张辉,陈书涛,等.南水北调西线第一期工程地质条件分析[J].人民黄河,2001,23(10).

[41] 王学潮,陈书涛,张辉,等.南水北调西线工程地质条件研究[M].郑州:黄河水利出版社,2005.

[42] 王学潮.南水北调西线一期工程的地质条件和隧洞地质问题[M]//王学潮,伍法权.南水北调西线工程岩石力学与工程地质探索.北京:科学出版社,2007.

[43] 王学潮,马国彦.南水北调西线工程及其主要工程地质问题[J].工程地质学报,2002,10(1).

[44] 王学潮,杨维九,刘丰收.南水北调西线一期工程的工程地质和岩石力学问题[J].岩石力学与工程学报,2005,24(20).

[45] 王媛,王学潮,王建平,等.南水北调西线工程区水文地质条件评价[J].岩石力学与工程学报,2005,24(20).

[46] 尚彦军,史永跃,曾庆利,等.昆明上公山隧道复杂地质条件下TBM卡机及护盾变形问题分析和对策[J].岩石力学与工程学报,2005,24(21).

[47] 王石春.隧道掘进机与地质因素关系综述[J].世界隧道,1998(2).

[48] 伊俊涛,尚彦军,傅冰骏,等.TBM掘进技术发展及有关工程地质问题分析和对策[J].工程地质学报,2005,13(3).

[49] 尚彦军,杨志法,曾庆利,等.TBM施工遇险工程地质问题分析和失误的反思[J].岩石力学与工

程学报,2007,26(12).

[50] 王学潮. 南水北调西线工程若干地质问题研究[J]. 岩石力学与工程学报,2009,28(9).

[51] 王洁. TBM 在不同特性岩石中的掘进速度[J]. 隧道建设,2002,22(3).

[52] 卢瑾,吴继敏,廖小帆. 适于全断面岩石掘进机的围岩分类方法[J]. 重庆大学学报,2011,34(2).

[53] 许建业,梁晋平,等. 隧洞 TBM 施工过程中的地质编录[J]. 水文地质工程地质,2000(6).

[54] 刘跃丽,郭峰,田满义. 双护盾 TBM 开挖隧洞围岩类别判定[J]. 同煤科技,2003(1).

[55] 何发亮,谷明成,王石春. TBM 施工隧洞围岩分级方法研究[J]. 岩石力学与工程学报,2002,21(9).

[56] 吴煜,吴湘滨,尹俊涛. 关于 TBM 施工隧洞围岩分类方法的研究[J]. 水文地质工程地质,2006,33(5).

[57] 李春明,彭耀荣. TBM 施工隧洞围岩分类方法的探讨[J]. 中外公路,2006(3).

[58] 何文君,张兵. 隧洞掘进机施工条件下的隧洞围岩分类方法探讨[J]. 贵州地质,2006(1).

[59] 巫世晶,公志波,刘清龙. 数量化理论在 TBM 施工围岩分类中的应用[J]. 水力发电,2005,31(3).

[60] N Barton. TBM performances estimation in rock using QTBM[J]. Tunnels & Tunnlling Intermational,1999(9).

[61] N Barton. TBM tunneling in jointed and faulted rock[J]. A. A. Balkema/Rotterdam/Brookfield,2000.

[62] Dick Poolel. The effectiveness of tunneling machines[J]. Tunnles & Tunnelling,1987,19(1).

[63] 刘明月,杜彦良,麻士琦. 地质因素对 TBM 掘进效率的影响[J]. 石家庄铁道学院学报,2002(4).

[64] 秦淞君. 隧道掘进机(TBM)掘进时的岩石特征判定问题[J]. 铁道建筑,1999(8).

[65] 魏南珍,沙明元. 秦岭隧道全断面掘进机刀具磨损规律分析[J]. 石家庄铁道学院学报,1999(2).

[66] 刘丽萍,谢冰,金中彦. 钻爆法与全断面掘进机修建地下隧洞的比较[J]. 山西水利科技,2000(4).